NOB'S AIRCRAFT SKETCHBOOK

潮書房光人新社

新装版

イカロス飛行隊

Nobさんの飛行機画帖

Nobuo Shimoda

下田信夫

カモフKa-25ホーモンA

レオナルド・ダ・ビンチは同軸反転ローターの
ヘリコプターも考えていたカモ……フ。

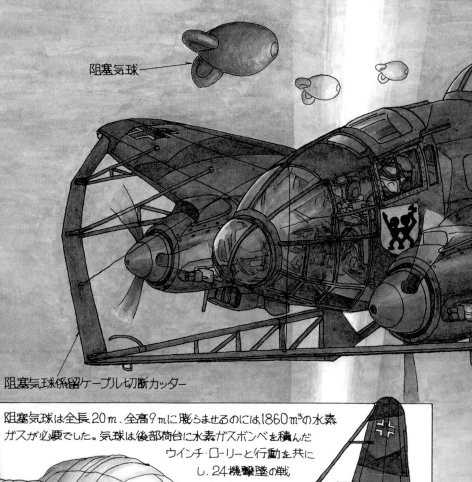

阻塞気球

阻塞気球係留ケーブル切断カッター

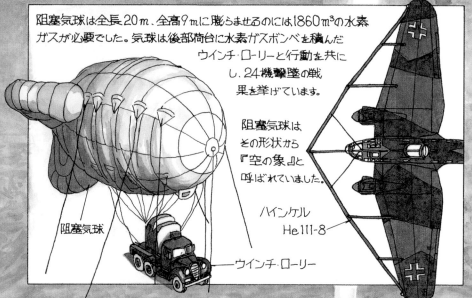

阻塞気球は全長20m、全高9mに膨らませるのには1860㎥の水素ガスが必要でした。気球は後部荷台に水素ガスボンベを積んだウインチ・ローリーと行動を共にし、24機撃墜の戦果を挙げています。

阻塞気球はその形状から『空の象』と呼ばれていました。

ハインケル
He 111-8

阻塞気球

ウインチ・ローリー

『バトル・オブ・ブリテン』の時、イギリス軍が夜間低空侵入するドイツ軍爆撃機を防ぐ『盾』としたのが阻塞気球です。この盾に対してドイツ空軍が考案した新兵器が、『矛』ならぬ機首から左右の翼端にかけて全幅にわたり『カッター』を装備した、HEINKEL（ハインケル）He111-8であります。カッターはゾーリンゲンで作られ、通称HENCKEL（ヘンケル）He111-8？

高圧線はヘリコプターの天敵です。電線に引っ掛かって差し違えることを回避するためにカナダで考案されたのが、現用ヘリコプターの必須装備である積極的に電線を切断する装置、機首の上下に設置された『ケーブル・カッター』です。

ケーブル・カッター

ケーブル・カッター

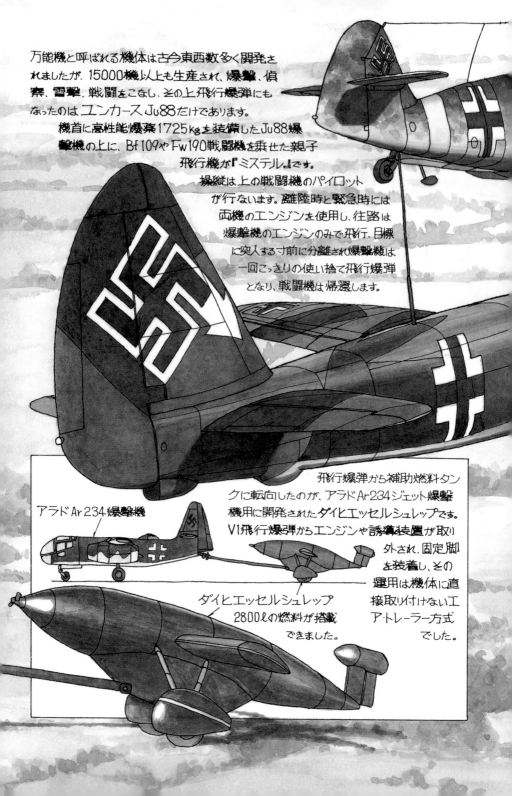

万能機と呼ばれる機体は古今東西数多く開発されましたが、15000機以上も生産され、爆撃、偵察、雷撃、戦闘をこなし、その上飛行爆弾にもなったのはユンカースJu88だけであります。

機首に高性能爆薬1725kgを装備したJu88爆撃機の上に、Bf109やFw190戦闘機を乗せた親子飛行機が『ミステル』です。

操縦は上の戦闘機のパイロットが行ないます。離陸時と緊急時には両機のエンジンを使用し、往路は爆撃機のエンジンのみで飛行、目標に突入する寸前に分離され爆撃機は一回こっきりの使い捨て飛行爆弾となり、戦闘機は帰還します。

飛行爆弾から補助燃料タンクに転向したのが、アラドAr234ジェット爆撃機用に開発されたダイヒエッセルシュレップです。

V1飛行爆弾からエンジンや誘導装置が取り外され、固定脚を装着し、その運用は機体に直接取り付けないエア・トレーラー方式でした。

アラドAr234爆撃機

ダイヒエッセルシュレップ
2800ℓの燃料が搭載できました。

『ミステル』にはその組合せによりミステル1〜4の
各型があり、Ju88A-4とBf109F-2/F-4との組
合せがミステル1型です。艦船攻撃や橋梁破壊
作戦に使用されたミステルの最初の作戦は、1944年
6月24〜25日でした。

メッサーシュミットBf109F戦闘機
高性能爆薬を装備した機首

ユンカースJu88A-4爆撃機

ミルMi-8ヘリコプター

アフガニスタンでソ連と戦って
いたムジャヒディンが、1980年代に
製作したバスのボディは、政府軍のミル
Mi-8の胴体の見事なリサイクルでした。

ユンカースJu 388の尾部

気流の状態を測定するために主翼の上面に貼られた毛糸の房の動きを記録するカメラです。

ユンーカス・ユモ004Bターボジェット・エンジン（推力900kg）

109-500離陸補助ロケット（推力500kg、30秒燃焼後パラシュートで回収、再使用できました。

ハンス・ウォッケ技師

デッサウのユンカース工場を占領したソ連軍は、未完成のJu287の生産型試作機V2、V3をはじめ、すべての工場設備と、開発リーダーのハンス・ウォッケ技師ら技術チーム全員を本国に運び去り、1948年にV3を基にタイプ140を開発しました。

ユンカースJu 287 V1は、世界初の4発ジェット爆撃機であると共に、前進翼をもつ世界最初のジェット機でもあります。本機は前進翼の特性を調べる実験機のため、新設計の主翼以外は既成機のコンポーネントがリユース、リサイクルされています。

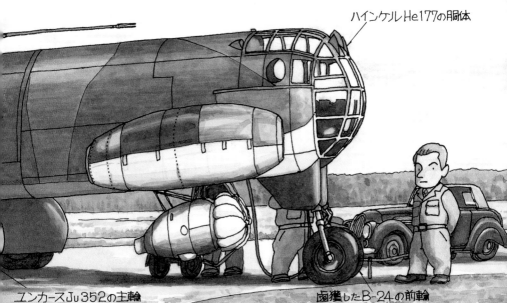

ハインケルHe177の胴体

ユンカースJu352の主輪

鹵獲したB-24の前輪

第2次大戦中アメリカで、既成機のコンポーネントを流用する長距離掩護戦闘機が開発されました。外翼はP-40（量産型はP-51ムスタング）、尾部はドントレスの陸軍型A-24、主脚はF4UコルセアのフィッシャーP-75イーグルです。本気で2500機の量産を考えていましたが、6機完成したところで、計画はすべてキャンセルに。

34 950

日本戦闘機がアップアップの高空を侵入
するB-29を迎撃するために、武装や防弾
板まで取リ外した機体で編成されたのが、体当たり攻撃部隊『震剣制空隊』です。同隊の川崎
三式戦『飛燕』は、川崎の地元、美濃の『関の孫六』のプロペラでB-29をぶった斬リます。

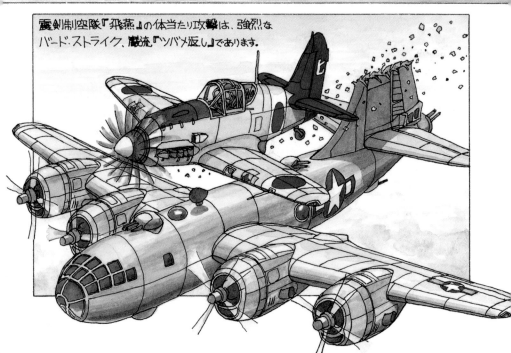

震剣制空隊『飛燕』の体当たり攻撃は、強烈な
バード・ストライク、藏流『ツバメ返し』であります。

イラスト：下田信夫

ブックデザイン：天野昌樹

実用超音速戦闘機事始め ……❶

ノースアメリカン F-100 スーパーセイバー

　昨今の戦闘機界での世代交代はゆったりしたもの であります。F-15 イーグルは初飛行から約 35 年、 F-4 ファントムは原型機の XF4H-1 の初飛行から約 50 年という大ベテランであります。

　ファントム以前のアメリカ戦闘機界においては、 毎年のように複数機がデビューし団塊の世代を形成 していました。なかでもアメリカ空軍戦闘機の制式 番号 100 台はセンチュリー・シリーズと総称され る超音速戦闘機群で、その 1 番手、世界初の実用超 音速戦闘機の栄冠に輝いたのは、1953 年 5 月に初 飛行に成功したノースアメリカン F-100 スーパー セイバーであります。

　超音速戦闘機の新世紀を切り開いた本機の制式 番号が世紀の単位と同じ 100 であったことは "全 くの偶然" と当局はいっていますが、なにしろに F-97 スターファイターの次に割り当てられた F-98 と F-99 が、空対空ミサイルのファルコンと地対空 ミサイルのボマークという、F シリーズ唯一のミサ イルとあっては、背番号の先行予約の疑惑は晴れま せん。スーパーセイバーの開発スタート時の名称は、

後退角 45 度の主翼をもつセイバー戦闘機というこ とから『セイバー 45』名付けられ、1949 年 2 月 にスタートしました。翌年には F-86D によく似た その形状は、空軍の意向で第 1 に昼間制空戦闘機、 第 2 に戦闘爆撃機とすることになったため、機首へ の全天候レーダーの搭載は不要となり、本機の特徴 のひとつである機首の楕円形の空気取入れ口を持つ デザインが生まれました。

　1951 年 11 月、ノースアメリカン社が空軍に提 案していた本機の設計案 NA188 は朝鮮戦争という 事態の緊急性を受け、1 日の原型機 YF-100A2 機の 発注に続き、20 日には生産型 F-100A110 機が発 注され、ここにセンチュリー・シリーズは開幕し たのであります。

　1953 年 5 月に初飛行した YF-100A1 号機は高 度 1 万 1600m でマッハ 1.38 を記録し、また高度 30m の低空コースにおいて 1215km/h の世界速度 記録を樹立するという、センチュリーシリーズの トップバッターは先頭打者ホームランを打ち、華々 しいデビューとなりました。

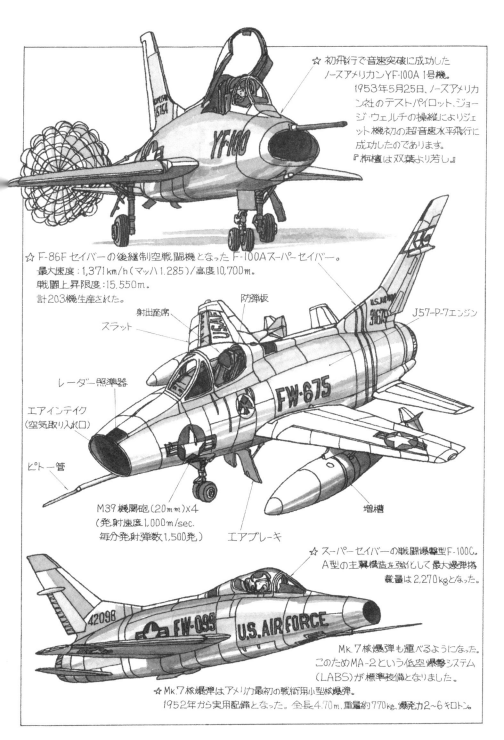

☆ 初飛行で音速突破に成功した
ノースアメリカンYF-100A 1号機。
1953年5月25日、ノースアメリカ
ン社のテストパイロット、ジョー
ジ・ウェルチの操縦によりジェ
ット機初の超音速水平飛行に
成功したのであります。
『栴檀は双葉より芳し』

☆ F-86F セイバーの後継制空戦闘機となった F-100Aスーパーセイバー。
　最大速度：1,371km/h（マッハ1.285）/高度10,700m。
　戦闘上昇限度：15,550m。
　計203機生産された。

防弾板

射出座席

スラット

レーダー照準器

エアインテイク
（空気取り入れ口）

ピトー管

J57-P-7エンジン

M39 機関砲（20mm）x4
（発射速度1,000m/sec.
毎分発射弾数1,500発）

エアブレーキ

増槽

☆ スーパーセイバーの戦闘爆撃型F-100C。
　A型の主翼構造を強化して最大爆弾搭
　　載量は 2,270kgとなった。

Mk.7核爆弾も運べるようになった。
このためMA-2という低空爆撃システム
（LABS）が標準装備となりました。

☆ Mk.7核爆弾はアメリカ最初の戦術用小型核爆弾。
　1952年から実用配備となった。全長4.70m、重量約770kg、爆発力2～6キロトン。

☆ F-100シリーズで最も多く作られたのが、本格的戦闘爆撃機いわれたF-100Dです。初飛行は1956年1月24日。

初めてオートパイロットを装備した超音速機でありました。またLABSも改良されて、核爆弾もMk.7のほかにMk.38やMk.43なども運べるようになった。1,274機作られベトナム戦争に投入された。

（タイトルイラストもF-100D）

☆ 複座となったスーパーセイバー、操縦訓練戦闘爆撃兼用型F-100FはF-100シリーズ最後の量産型です。339機作られました。

ベトナム戦争ではF型は複座の利点を生かして、O-1やO-2といった観測機とコンビを組んで、FAC（前線空中指揮）のミッションを務めたのです。F型の諸元は、機関砲が2門に減じたほかはD型と同規格でありました。

☆ A型から改造されて偵察機となったRF-100Aスーパーセイバー。スリック・チック計画で6機改造され、日本の空でも目撃されることもあったようです。このうちの4機はのちに台湾空軍に引き渡されたそうです。

☆ サンダーバーズの3代目使用機となったスーパーセイバー。
1959年10月から12月にかけての『サンダーバーズ』の使用機は板付基地の18TFWのF-100Dでした。アクロの公開展示は日本初。

☆海外に供与されたスーパーセイバーの主力はD型。
デンマーク空軍には75機が、フランス空軍に
も100機のD型が、なかでも最も多かったのはトル
コ空軍でしたがこちらはC型で260機でした。

デンマーク空軍第727飛行隊
のF-100D。

台湾空軍へはF型とともに、
A型からD型規格に改装
スーパーセイバー80
機が供与
された。

台湾空軍のF-100Fスーパーセイバー

☆ZELシステム装備仕様で148機の
F-100Dスーパーセイバーが完成していた。
ZELシステムは、耐爆格納庫に敵の
攻撃を避けて機体を分散して納め、
強力なブースターで地上から核爆弾を
搭載した爆撃機を発射すると
いう構想であります。
1958年3月26日から1959年
8月26日まで合計20回の実験が
行なわれたが、結局実用化は
されなかった。

Mk.7の模擬弾
ブースター（推力6.8トンのアス
トロダイン・ロケット）

☆スーパーセイバーの全天候迎撃戦闘機
F-100B計画からマッハ2級の超音速戦
闘爆撃機F-107Aが誕生した。
しかし、制空戦闘機にはF-104が、マッハ2級の戦闘爆撃機にはF-105が決まり、F-107A計画はおジャンに。

実用超音速戦闘機事始め……❷

マクダネル F-101 ブードゥー

　アメリカ空軍センチュリー・シリーズの2番手がブードゥーであります。そのルーツは、マクダネル社の前作で、試作2号機 XF-88A が完成した年の1950年8月にアメリカ空軍の方針転換により開発中止の憂き目にあった F-88 長距離侵攻戦闘機です。

　1953年になるとアメリカ空軍はまた方針を転換し、SAS（戦略航空軍団）から戦略ジェット爆撃機援護用の長距離戦闘機の要求が、死に体であった XF-88A をよみがえらせ、その発達型が F-101 ブードゥーとして28機の発注を得ることができました。しかし、好事魔多し。1954年9月、ブードゥーの呪いか、またまた空軍の方針変更で発注は取り消されてしまったのであります。

　たびかさなる試練、お先真っ暗の F-101 に、捨てる神あれば拾う神ありで、救いの神が現われました。生産中の機体を戦闘爆撃機として引き継いでくれた TAC（戦術航空軍団）であります。

　戦闘爆撃機として身の振り方の決まった F-101A は1954年9月29日に第1号機が初飛行し、部隊配備は1957年5月に始まりました。この年の12月12日には、F-101A がアドリアン・ドリュー少佐の操縦で、1943.5km/h の世界速度記録を樹立しています。

　長距離戦闘機出身のブードゥーはスピードばかりではなく、その大きな航続力も売りでした。それに着目した TAC が F-101A をもとに開発したのが、アメリカ空軍初の超音速偵察機 RF-101A であります。

　またブードゥーの機体強度を増し低空運用能力を高めたモデルが F-101C で、その偵察型が RF-101C ですが、F-101C から直接改造された偵察機の呼称は RF-101H です。

　ブードゥーのもう一つのシリーズが ADC（防空軍団）の要求によって開発された複座全天候迎撃型の F-101B です。本機の武装は機関砲が廃止されミサイルのみとなりました。

　なかでも2発搭載可能な AIR-2A ジニーは、ブードゥー本領発揮の一気に敵編隊を空中から消滅できる黒魔術、前代未聞の核弾頭を装備した非誘導の空対空のミサイルであります。

☆F-101ブードゥーのルーツ、マクダネルXF-88。
　1946年、アメリカ陸軍が計画した爆撃機の援護と陸上戦闘の支援を任務とする
重戦闘機です。

XF-88 1号機

☆SAC (戦略航空軍団)の長距離掩護戦闘機としてスタートし、TAC (戦術航空
　軍団)戦闘爆撃機として完成したF-101Aブードゥーの1号機。
　　F-101Aは合計77機生産され、そのうちの初期生産型の29機は実用試験
　　に回され、ブロック20
　　以降の48機が部
　　隊配備となりま
　　した。

F-101A 1号機

F-101Aブードゥー

☆第27戦術戦闘航空団第522飛行隊のF-101A
　1958年8月、中国と台湾が金門島、馬祖島をめぐ
　る争いを起こした際にTACは混成航空打撃部隊
　を編成し、西太平洋各地に展開しました。
　　第522飛行隊はその一部としてキャノン基
　　地から沖縄の嘉手納基地に派遣され
　　ました。

Mk7核爆弾

☆F-101Aの大きな航続力がRF-84の後継機、RF-101A超音速戦術偵察機を誕生させました。

RF型は前部胴体が再設計され、機首に6個の偵察カメラを装備する全長21.1mの偵察機に生まれ変わりました。RF-101Aは35機生産されています。

☆機体強度を増して低空での運用能力を高めたF-101のRF型がRF-101Cです。

RF-101Cは166機生産され、RF-101Aとともにベトナム戦争に投入されました。

☆ベトナム戦争に投入されたRF-101A/Cは、戦術偵察機の任務の性格上、消耗は激しいものでありました。そこで計画されたのが戦闘機型のF-101A/Cからの改造です。F-101Aからの改造されたのがRF-101Gで、RF-101HはF-101Cからの改造です。

RF-101H

☆ADC用の複座全天候迎撃型がF-101Bです。
武装はMG-13火器管制装置を使用し、空対空ミサイル
だけです。

F-101Bは1959年
からADCに配置されました。

1961年のNORAD(北米大陸防
空軍団)組織の一部変更にともない、
迎撃型(CF-101B)56機と複操縦装置つき
の訓練型10機(CF-101F)カナダ空軍に引き
渡されました。

CF-101B

〔1950年代のアメリカの防空網〕

DEWライン
中部カナダライン
カナダ
アメリカ
パインツリー
ライン

核弾頭つき非誘導ミサイル
AIR-2ジーニ

アメリカに返還されたCF-101F.
アメリカ空軍の称はTF-101Fです。

U.S. AIRFORCE

☆1970年11月、カナダから保有
していたすべてのCF-101B/CF
-101F(58機)がアメリカに返還
されました。

☆カナダから返還されたCF-101Bのうち
20機が偵察機に改造されました。

☆タイトル・イラストはAIR-2ジーニを装備したF-101Bブードゥーです。

実用超音速戦闘機事始め……❸

コンベア F-102 デルタダガー／ F-106 デルタダート

　1950年9月にアメリカ空軍が19の航空機メーカーに要求した、近い将来ソ連が実用化するであろう長距離ジェット爆撃機を迎え撃つ、全天候の火器管制装置を持つ迎撃戦闘機計画 MX1179 で選定されたのは、コンベア社から提案された XF-92A デルタ翼機を1.22倍にスケールアップしたモデル8案でした。

　コンベア社では第二次大戦終了とともにアメリカにもたらされたドイツのデルタ翼機の資料と、その第一人者リピッシュ博士の協力を得て、ターボジェットとロケット・エンジンを併用するモデル7超音速戦闘機 XF-92 を進空させました。

　そして、引き続き本機をアフターバーナーつきのターボジェットに換装した XF-92A で、デルタ翼戦闘機開発のデータ収集飛行を行なっていました。

　モデル8はこの実験データがあったため開発から生産への移行はさほど問題は無かろうと、試作と実用機の生産を並行して行なう方針が採られました。

　原型機 YF-102 は2機製作され、1号機は1953年10月24日に初飛行に成功しましたが、8日後には離陸事故で大破となり、試験は2号機の1954年1月の完成まで延期となりました。

　この開発計画の最初のつまづきに追い討ちをかけたのが、2号機によって再開された試験で発見された、風洞実験のデータの大きな間違いで、空軍の要求するところのマッハ1を超えられないというお先真っ暗な大コケであります。

　この大ピンチを救ったのが、当時 NACA（現 NASA）が発見していたエリア・ルールでした。

　ただちに YF-102 はこの法則を採用し、再設計され、YF-102A デルタダガーとして再生し、1954年12月20日に初飛行した1号機は、第2回目の飛行で待望のマッハ1を超えることができたのであります。

　F-106 の開発は1955年に F-102 の発達型モデル 8-24 計画として始まり、当初は F-102B と呼ばれていましたが、最初からエリア・ルールを取り入れた外形や、新しくなった兵装やシステム、エンジンなどから名称は、1956年に F-106A デルタダートとなりました。

☆コンベア XF-92（モデル7）
　高度17,000mでマッハ1.25の速度を目標に開発
された、ターボジェットとロケット・エンジン併用の、世界
最初の完全なデルタ翼の超音速戦闘機でしたが、この
混合動力方式には問題があること
が1949年になってわかり開発
は中止になりました。
　初飛行は1948年9月18日でした。

デルタ翼は前縁で60°の後退
角でした。

☆コンベアXF-92A
　XF-92のエンジン、推力2,090kg
のアリソンJ33-A-23からアフターバ
ーナーつきのJ33-A-29に換装した機
体で、デルタ翼戦闘機開発のためのデータ
収集飛行に使われました。高空（13,700m）で
マッハ0.95（1,010km/h）の速度を記録しています。
全幅9.53m、全長12.93m。J33-A-29の推力（2,
090kg、アフターバーナ使用時3,730
kg）でした。

☆コンベア YF-102（モデル8）
　XF-92Aを1.22倍にスケールアップ
した全天候の火器管制装置を持った
迎撃戦闘機の原型機で、2機（52-7
994〜7995）製作されました。
　1号機の初飛行は1953年10月24日。

☆コンベア YF-102（2号機）
1954年1月初飛行。
試験飛行で音速を突破することはできません
でした。

YF-102の増加試作型は8機（53-1779～
1786）製作されました。

☆コンベア YF-102A（モデル8-90）
エリア・ルールを採用して再設計。
117日で完成したYF-102（2号機）改
造のYF-102Aの原型機です。
1954年12月20日初飛行に成功。
翌日にはエリア・ルールの御利益
もあって上昇中に念願の
音速を突破すること
ができました。

☆コンベア YF-102A
本機は、53-1787～1790の4機が製作されました。

☆量産機F-102Aは1955年6月から引渡しが
始まり、合計873機製作されました。
ADC（防空軍団）の部隊への配置は1956年
からです。

☆AIM-26ニュクリア・
ファルコン

F-102Aの最終的な武装はAIM-26を1発とAIM-4を5発、
それとミサイル倉の扉内に2.75インチ・ロケット弾を12発
搭載しました。

☆ベトナム戦争では、509FIS（第509迎撃戦闘飛
行隊）のF-102Aが南ベトナムのダナン、ツイホワ、
カムラン・ベイに各6機づつ派遣されました。

（タイトル・イラスト）40FISのF-102Aデルタダガー。

☆コンベアF-106Aデルタダート（モデル8-24）
　F-102の発達型として開発されましたが、発達型というよりも、
すべてが新しいものとなったため、名称はF-106デルタダートとなりました。
　　　　　　　　　もちろんエリア・ルールも最初から採用
　　　　　　　　　された設計となっています。
　　　　　　　　本機は、1956年12月26日に初
　　　　　　　飛行に成功し、合計277機
　　　　　　製作されてアメリカ本土

AIR-2Aジーニ

防空部隊の主力として配置されました。その武装は……。
☆核弾頭つきのAIR-2Aジーニ、または、AIR-2Bスーパー・ジーニ非誘導
ミサイル1発と、レーダー・ホーミングのAIM-4E、赤外線ホーミングの
AIM-4Fスーパー・ファルコンAAMを4発まで装備すること
ができ、1971年以降は胴体下に20mmバルカン砲M61-
A1も装備できるようになりました。

☆1959年12月5日、F-106Aはエドワーズ基地のテスト・コースで2,455.
736km/hの世界記録を樹立しました。エリア・ルール恐るべし！

ボーテックス・ジェネレーター

US AIR FORCE

☆コンベアTF-102A
　迎撃戦闘能力も兼ね備えた複操縦装置をもった訓練用
型です。アメリカ軍機としては珍しい並列複座の練習機
であります。せっかくのエリアルールも台無しのオオサン
ショウウオを思わせる容姿の機体でありました。
　　　　　　初飛行は1955年11月8日。
　　　　　　試験飛行中に猛烈！なバフェッ
　　　　　　ティングにみまわれた結果、
　　　　　　オオサンショウウオの
　　　　　　頭には多くのボーテッ
　　　　　　クス・ジェネレータが増
　　　　　　設されました。

78935

U.S.AIR FORCE
19

☆コンベアF-106B
　1958年4月9日に初飛行に成功し、
合計46機製作された、迎撃にも
使える戦闘訓練用型です。
最初からエリアルールを取り
入れた細身の機体の
ためもちろん座席はタンデム複座であります。

実用超音速戦闘機事始め……❹

ロッキード F-104 スターファイター

　ロッキード F-104 スターファイターは、朝鮮戦争で遭遇した MiG-15 との空戦の戦訓を取り入れた、センチュリーシリーズでは異質の速度、加速性、それと上昇力を重視した軽戦闘機です。

　本機は世界初のマッハ 2 クラスの実用戦闘機であり、その後アメリカ戦闘機の標準固定武装となった M-61 バルカン砲を最初に装備した戦闘機でもあります。

　その設計は「スカンクワークス」の主、P-38 ライトニングや P-80 シューティングスター、マッハ 3 級の SR-71/YF-12 偵察機／戦闘機を世に送り出した鬼才 C・L・ケリー・ジョンソンの手によるものです。

　F-104 のスタイルは、T 字型尾翼を持った先の尖った鉛筆のような細い胴体、そこから 2.13m しか突き出ていない小さな主翼、しかもその前縁先端は厚さが 0.25 〜 0.13mm という刃物並みの薄さであります。したがって地上ではグランドクルーと主翼自体を保護するために前縁にはフェルトのパットを被せる決まりになっていました。

　スターファイターの原型、XF-104 の 1 号機は1954 年 2 月 7 日、「最後の有人戦闘機」のキャッチフレーズとともに華々しくデビューし、テスト中にマッハ 1.5 の速度を記録しています。F-102 デルダガーがマッハ 1.0 を超えるのに四苦八苦していた頃の話です。翌年 3 月にはマッハ 1.79 を記録しました。「栴檀は双葉より芳し」であります。

　続いて 15 機作られた生産原型の YF-104A の 1 号機は、1955 年 4 月 27 日に待望のマッハ 2 に達し、世界最速の戦闘機となりました。

　最初の量産機は ADC（防空軍団）用の迎撃機 F-104A、続いて TAC（戦術航空軍団）用の戦術戦闘機 F-104C が作られました。ここまでがアメリカ空軍向けで、以降は NATO 諸国や日本、カナダ向けのモデルとなり、それらのモデルはライセンス生産され、アメリカ以外の国でも作られた唯一のセンチュリーシリーズとなりました。

　また F-104 スターファイターはその性能の高さから、数々の速度記録や高度記録を打ち立てています。

☆XF-104：2機作られたロッキードF-104スターファイターの原型機で、その1号機の初飛行はアメリカ空軍との契約後わずか11ヵ月の1954年2月28日でした。1955年3月25日にはマッハ1.79を記録しています。

☆YF-104A：コンベアB-58ハスラー超音速爆撃機用に開発されたJ79エンジンを搭載した生産原型機です。全長は胴体の延長と尾翼位置の後方への移動により、1.67m増加し、16.66mになりました。また前脚は前方引込式に変更され、空気取入れ口にはショック・コーンが装備されました。ショック・コーンは機密保持のため、写真撮影の際には金属製のカバーで空気取入口を覆って行われました。(タイトル・イラスト：YF-104A)YF-104Aが初めてマッハ2に到達したのは1955年4月27日であります。

☆YF-104A（55-2969）腹ビレの追加などの改修が行われ、実際にはF-104A仕様になった機体で、1958年5月18日に2,259.83km/h（15/25kmコース）の世界速度記録を樹立しました。

☆F-104Aスターファイターの最初の生産型で、1958年1月26日からADC（防空軍団）への配属が開始された世界最初のマッハ2クラスの実用戦闘機です。武装は20mmM61バルカン砲1門と翼端のAIM-9サイドワインダー2発でした。生産の途中からは腹ビレが追加され、射出座席も下方射出式から上方射出式に変更となりました。

☆F-104C：A型の武装に加え、対地攻撃能力も備えたTAC（戦術航空軍団）向けの空中給油装置をもった戦術戦闘機型です。胴体下にはMk28核爆弾も搭載できました。

☆コルモラン地対地ミサイルを発射する西ドイツ海軍のF-104G。
G型はC型より構造が強化され、電子機器を
一新し、垂直尾翼と方向舵が
大型化されたNATO諸国
向けの要撃も
対地攻撃
もできる
多用途戦闘機です。

☆ロケット・ブースターを使ってゼロ距離発進を
行なう西ドイツ空軍のF-104G。

☆F-104S
イタリア空軍の要
求により開発された
AIM-7スパローも携行
できる全天候要撃能力
もつ性能向上型で、スター
ファイターの最終モデルです。

ロケットはノースアメリカン
製で燃焼後は切捨てられ
ます。

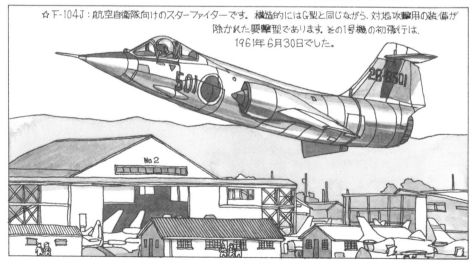

☆F-104J:航空自衛隊向けのスターファイターです。構造的にはG型と同じながら、対地攻撃用の装備が
除かれた要撃型であります。その1号機の初飛行は、
1961年6月30日でした。

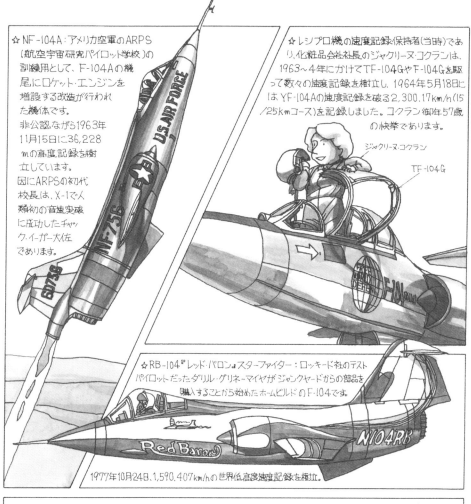

☆NF-104A：アメリカ空軍のARPS（航空宇宙研究パイロット学校）の訓練用として、F-104Aの機尾にロケット・エンジンを増設する改造が行われた機体です。

非公認ながら1963年11月15日に36,228mの高度記録を樹立しています。因にARPSの初代校長は、X-1で人類初の音速突破に成功したチャック・イーガー大佐であります。

☆レシプロ機の速度記録保持者（当時）であり、化粧品会社社長のジャクリーヌ・コクランは、1963～4年にかけてTF-104GやF-104Gを駆って数々の速度記録を樹立し、1964年5月18日にはYF-104Aの速度記録を破る2,300.17km/h（15/25kmコース）を記録しました。コクラン御年57歳の快挙であります。

ジャクリーヌ・コクラン

TF-104G

☆RB-104『レッド・バロン』スターファイター：ロッキード社のテストパイロットだったダリル・グリネーマイヤがジャンクヤードからの部品を購入することから始めたホームビルドのF-104です。

Red Baron

N104RB

1977年10月24日、1,590.407km/hの世界低高度速度記録を樹立。

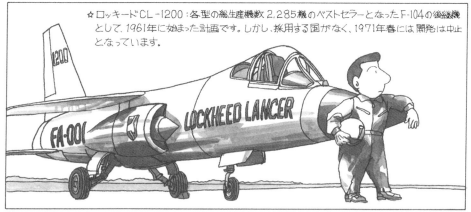

☆ロッキードCL-1200：各型の総生産機数2,285機のベストセラーとなったF-104の後継機として、1961年に始まった計画です。しかし、採用する国がなく、1971年春には開発は中止となっています。

LOCKHEED LANCER

FA-001

実用超音速戦闘機事始め……❺

リパブリック F-105 サンダーチーフ

　F-105 サンダーチーフはベトナム戦争において、ローリング・サンダー作戦を始めとする 1965 〜 68 年の北爆第 1 期の主役を務めた戦闘爆撃機であります。

　サンダーチーフは音速突破の大魔術、エリアルールを取り入れて、胴体は本機の特徴のひとつであるエッジ型の空気取入れ口付近から絞られ、その下面には長さ 4.5m もある大型ウエポン・ベイ（兵器倉）が設置されています。ウエポン・ベイには核爆弾を搭載する以外には補助燃料槽として使用され、通常爆弾はすべて外部装備となります。自重 13 トンの機体の「雷のお頭」は、ペイロード 10 トン以上という力持ちで、このうちの約 5 トンを兵器搭載にまわすことができる武人であります。

　サンダーチーフのルーツは、朝鮮戦争中の 1951 年、リパブリック社が F-84F サンダーストリークの後継戦闘爆撃機を目指して開発を開始した、超音速の制空能力よりも核爆弾による攻撃を優先する単座機、モデル AP63 です。

　AP63 は当初計画の主翼付け根部にアリソン J71

を 2 基装備する双発案から、単発型に設計変更され、P&W J57 搭載の YF-105A 原型 1 号機は 1955 年 10 月 22 日、初飛行で音速を突破しています。

　原型 3 号機、YF-105B からはエリアルールとエッジ型空気取り入れ口が採用され、エンジンも J75 に強化されました。

　サンダーチーフの生産は B 型が原型機をふくめ合計 78 機に達したところで D 型に移りました。

　D 型は 1959 年 6 月 9 日に初飛行したサンダーチーフの代表的モデルで、611 機生産された発達型の全天候戦闘爆撃機です。

　核攻撃専用の機体としてスタートした D 型は、核戦略構想の見直しから 1961 年以降通常攻撃能力の向上が図られ、複座操縦訓練・戦闘爆撃兼用型の F 型から発達した F/G 型のワイルドウィーズルと共にベトナム戦争に投入されたのであります。

　その実績はかつての双発爆撃機の地位を奪うものでありましたが、その代償は大きく、1972 年までに東南アジアにおいて、D/F/G 型合わせて 332 機もの「雷のお頭」が千の風になっています。

☆リパブリックF-84F サンダーストリーク
　F-84 サンダージェットを後退翼化
した戦術戦闘機です。初飛行は1952
年、部隊への配属は朝鮮戦争終結
後の1954年からでした。
左翼内側パイロンには戦術用核爆弾
（Mk.7核爆弾）を搭載することができ
ました。最大速度 1,100km/h。

Mk.7を模した TB-63模擬戦術核爆弾

☆リパブリックYF-105A サンダーチーフ
　試作1号機は1955年10月22日に行なわれ
た初飛行で マッハ1.2を記録しました。

　☆リパブリックYF-105B サンダーチーフ
　　A型のマッハ2級化試作機で4機作られました。
　エリアルール、エッジ型可変空気取入れ口を採用。

°B型は空対空能力を残した
　昼間核攻撃機です
　ウエポン・ベイには
　Mk.43核爆
　弾を搭
　載しま
　した。

MK.43
核爆弾

☆リパブリックF-105B サンダーチーフ
　　サンダーバーズ使用機

°B型は 1964年に
　サンダーバーズの使
　用機となったが墜落
　事故を起こしたため、
　わずか 6回で終わって
　しまいました。

U.S. AIR FORCE
75787

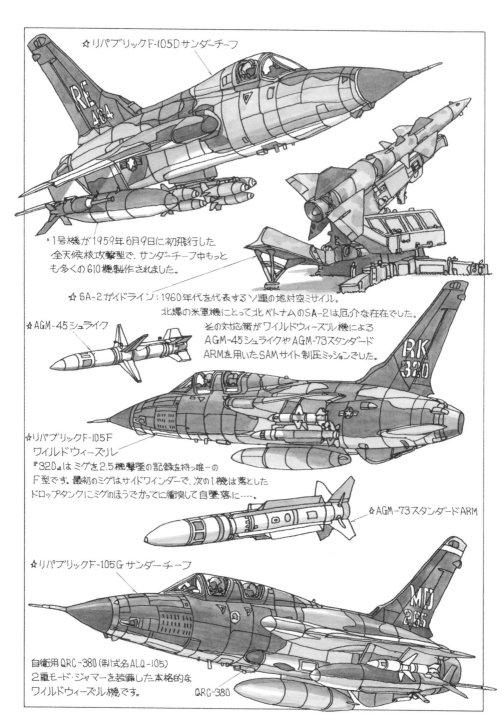

☆リパブリックF-105Dサンダーチーフ

°1号機が1959年6月9日に初飛行した
全天候核攻撃型で、サンダーチーフ中もっと
も多くの610機製作されました。

☆SA-2ガイドライン:1960年代を代表するソ連の地対空ミサイル。
北爆の米軍機にとって北ベトナムのSA-2は厄介な存在でした。
その対応策がワイルドウィーズル機による
AGM-45シュライクやAGM-73スタンダード
ARMを用いたSAMサイト制圧ミッションでした。

☆AGM-45シュライク

☆リパブリックF-105F
ワイルドウィーズル
『320』はミグを2.5機撃墜の記録を持つ唯一の
F型です。最初のミグはサイドワインダーで、次の1機は落とした
ドロップタンクにミグのほうでかってに衝突して自墜落に……。

☆AGM-73スタンダードARM

☆リパブリックF-105Gサンダーチーフ

自衛用QRC-380(制式名ALQ-105)
2重モード・ジャマーを装備した本格的な
ワイルドウィーズル機です。

QRC-380

◦センチュリー・シリーズの欠番機たち
F-103、F-107、F-108、F-109……。

☆リパブリックXF-103
マッハ4を狙ったターボジェットとラム
ジェットを装備した要撃戦闘機、
1957年8月21日に開発計画
は中止に……。

☆ノースアメリカンF-107
1号機は1956年9月10日に初飛行に成功……
ところが、完成前にF-105が完成、制式採用が
決定したために試作機3機の完成したところ
で計画は中止に……。

☆ノースアメリカンF-108レイピア
最大総重量45トン以上というマッハ3級
の空前の長距離要撃巨人戦闘機でしたが、
ICBMの実用化とそれにともなう戦略態
勢の変化で1959年9月23日に開発は中
止となりました。

☆ベルXF-109
マッハ2級の8基のターボジェットを装備した
VTOL戦闘機です。
翼端に2基づつ装備した
エンジンは、アフターバーナー
付きで変向式でした。
尾部の2基もアフター
バーナー付き、コクピット
直後の2基はアフター
バーナーなしでした。
1961年春にはモックアップも
完成しましたが実機の完成までには至りませんでした。

☆マクダネルF-110(F-4)A
スペクター(ファントムⅡ)
アメリカ空軍では1962年3月、
アメリカ海軍が開発した複座
全天候艦上戦闘機F-4H-1を
次期戦闘機TFXの完成までの
つなぎとして
採用した戦術
戦闘機です。
まもなく機種記号は3軍
共通となったためF-4Cと
なりました。

米空軍のジェット爆撃機……❶

ノースアメリカン B-45 トーネード

　B-45 トーネードは、アメリカ最初の制式ジェット爆撃機であり、アメリカ初の4発ジェット爆撃機で、TAC 初の核装備機かつ TAC が保有した唯一の4発ジェット爆撃機でもあり、太平洋を横断したアメリカ初のジェット爆撃機も、実戦に初めて参加したジェット爆撃機（偵察型）も B-45 でした。

　このように B-45 は多くの初物のレコード・ホルダーですが、その知名度はさっぱりで、「記憶に残るジェット爆撃機」というよりも、「記録に残るジェット爆撃機」なのであります。

　B-45 は、第二次大戦中の 1944 年 4 月に USAAF（アメリカ陸軍航空軍）のジェット爆撃機の要求仕様に応じた、ノースアメリカン社の応募機で、その同期はコンベア XB-46、ボーイング XB-47、マーチン XB-48 で、全機が空軍独立の 1947 年中に初飛行に成功しています。

　3 機作られた試作機 XB-45 はテスト飛行で USAAF の要求する最大速度 804km/h を上回る最大速度 830km/h を記録するなど上々の滑り出しでした。

　生産型 B-45A の生産はノースアメリカン社の自社工場が F-86 セイバーの生産で手一杯ということで、ダグラス社のロングビーチ工場を借りて行なわれ、その 1 号機は 1948 年 2 月 28 日に初飛行しました。ところが、好事魔多し。

　空軍調達予定の B-45190 機が、時の大統領トルーマンの 1950 年度空軍予算の大幅カットにより、余儀なく 51 機がキャンセルとなり、A 型に続く生産型、機体構造が強化され、空中給油装置と翼端燃料タンクを装備した B-45C は、ライバル XB-47 への期待から生産は 10 機で突然打ち切りとなってしまいました。さらに続いて生産された、戦略偵察機 RB-45C も、発注済の 49 機がキャンセルとなり、33 機で生産は終了となりました。

　1950 年秋、第 84 爆撃飛行隊から太平洋を渡って極東に派遣された 3 機の RB-45C は、ミッドウェー島までの航程で不運にも 1 機を失い、無事横田に到着した 2 機も朝鮮戦争で作戦中に、1 機は行方不明となって、アメリカ初の被撃墜ジェット爆撃機となってしまったようであります。

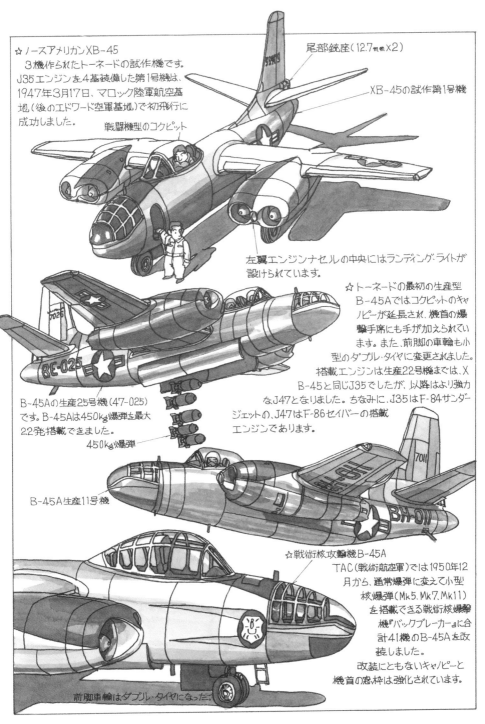

☆ノースアメリカンXB-45
　3機作られたトーネードの試作機です。
J35エンジンを4基装備した第1号機は、
1947年3月17日、マロック陸軍航空基
地（後のエドワード空軍基地）で初飛行に
成功しました。

尾部銃座（12.7mm×2）

XB-45の試作第1号機

戦闘機型のコクピット

左翼エンジンナセルの中央にはランディング・ライトが
設けられています。

☆トーネードの最初の生産型
　B-45Aではコクピットのキャ
　ノピーが延長され、機首の爆
　撃手席にも手が加えられてい
　ます。また、前脚の車輪も小
　型のダブル・タイヤに変更されました。
　搭載エンジンは生産22号機までは、X
　B-45と同じJ35でしたが、以降はより強力
　なJ47となりました。ちなみに、J35はF-84サンダー
　ジェットの、J47はF-86セイバーの搭載
　エンジンであります。

B-45Aの生産25号機（47-025）
です。B-45Aは450kg爆弾を最大
22発搭載できました。

450kg爆弾

B-45A生産11号機

☆戦術核攻撃機B-45A
　TAC（戦術航空軍）では1950年12
　月から、通常爆弾に変えて小型
　核爆弾（Mk5,Mk7,Mk11）
　を搭載できる戦術核爆撃
　機『バックブレーカー』に合
　計41機のB-45Aを改
　装しました。
　改装にともないキャノピーと
　機首の窓枠は強化されています。

前脚車輪はダブル・タイヤになった。

☆B-45C（タイトル・イラスト）
トーネードの2番目生産型で空中給油装置と翼端燃料タンクを装備し、機体構造の強化と水平尾翼の延長が計られましたが、生産は10機で打ち切られました。

☆RB-45C
32機生産されたトーネードの長距離写真偵察型でB-45Cの機首をソリッド化し誕生しました。トーネードの最終生産型です。
機首上面には前方用のカメラ1台と前部胴体下面に5ヵ所のカメラ・マウントをもっています。

☆第91戦略偵察飛行隊のRB-45C
1950年の秋に横田基地に派遣されたRB-45Cは朝鮮戦争に参戦した唯一のトーネードであります。

朝鮮戦争では、爆弾倉に搭載した特製タンクと翼端燃料タンクで得られたB-45Aを大きく上回る航続力で北朝鮮領内の写真偵察作戦に従事しました。しかし、横田基地から朝鮮半島北部までの作戦行動では、KB-29からの空中給油は不可欠でした。

KB-29

RB-45Cの前方向カメラ

第91戦略偵察飛行隊所属のRB-45C

機首のクラムシェル形カバーを外したRB-45C。

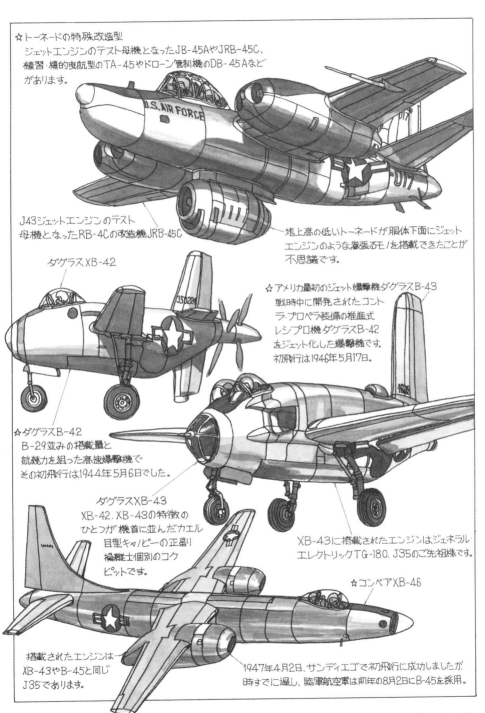

☆トーネードの特殊改造型
　ジェットエンジンのテスト母機となったJB-45AやJRB-45C、
　練習・標的曳航型のTA-45やドローン管制機のDB-45Aなど
　があります。

J43ジェットエンジンのテスト
母機となったRB-4Cの改造機JRB-45C

U.S. AIR FORCE

FU17

地上高の低いトーネードが胴体下面にジェット
エンジンのような嵩張るモノを搭載できたことが
不思議です。

ダグラスXB-42

☆アメリカ最初のジェット爆撃機ダグラスB-43
　戦時中に開発されたコント
　ラ・プロペラ装備の推進式
　レシプロ機ダグラスB-42
　をジェット化した爆撃機です。
　初飛行は1946年5月17日。

☆ダグラスB-42
　B-29並みの搭載量と
　航続力を狙った高速爆撃機で
　その初飛行は1944年5月6日でした。

ダグラスXB-43
XB-42、XB-43の特徴の
ひとつが機首に並んだカエル
目型キャノピーの正副
操縦士個別のコク
ピットです。

XB-43に搭載されたエンジンはジェネラル
エレクトリックTG-180、J35のご先祖様です。

☆コンベアXB-46

搭載されたエンジンは
XB-43やB-45と同じ
J35であります。

1947年4月2日、サンディエゴで初飛行に成功しましたが、
時すでに遅し、陸軍航空軍は前年の8月2日にB-45を採用。

米空軍のジェット爆撃機……❷

ボーイング B-47 ストラトジェット

　B-47 ストラトジェットは SAC（戦略航空軍団）の基礎を確立した最大の功労者であります。その最盛期は 1958 年でした。

　28 の爆撃航空団が 1367 機の B-47 爆撃型によって、また 5 つの戦略偵察航空団が B-47 偵察型 176機をもって編成されていました。

　この年の B-47 以外の SAC の戦力は 380 機のB-52 でしたので、B-47 は SAC の爆撃勢力の 77%を占めるという最大派閥であったのです。

　B-47 ストラトジェットの原型 XB-47 の初飛行は 1947 年 12 月 17 日（1903 年、ライト兄弟が人類初の動力飛行に成功した日）でしたが、この日までに 1944 年に USAAF（アメリカ陸軍航空軍）から提示されたジェット爆撃機の要求仕様に応じた競争試作の同期生たちは、XB-45 が 1947 年 3 月 17 日に、XB-46 は同年 4 月 2 日に、XB-48 が同年 6 月 14 日に、XB-49 は同じく 10 月 21 日に、と初飛行を終えていました。

　アメリカ空軍はこの初飛行ラッシュの翌年、1948 年 9 月 3 日に B-47 の採用を決定し、最初の生産型、増加試作機的色彩の濃い B-47A10 機をボーイング社に発注し、後だしジャンケンのボーイングB-47 が勝組となりました。

　この決定でとばっちりを受け生産が大幅に縮小されたのが、前回登場のアメリカ空軍初ものづくりのB-45 であります。

　B-47 の最初の計画案モデル 424 はライバル機と同じ直線翼機でしたが、1945 年 5 月のドイツの降伏によって手に入れた後退翼に関する膨大な実験データなどから急遽後退翼機に変身することになり、モデル 450-1-1 が B-47 のコンセプトとなりました。

　B-47 の採用した上反角 0 度の設計の後退翼は厚板を使い、地上ではマイナス 2 度、上空ではプラス 1 度となり翼端が 1.5m 上下するという世界最初のたわみ翼でした。また本機には世界初となるポッド式エンジン装備など新技術が多く盛りこまれ、B-47 の後だしジャンケンは大型ジェット機の基本を確立し、航空技術の躍進におおいに貢献したのであります。

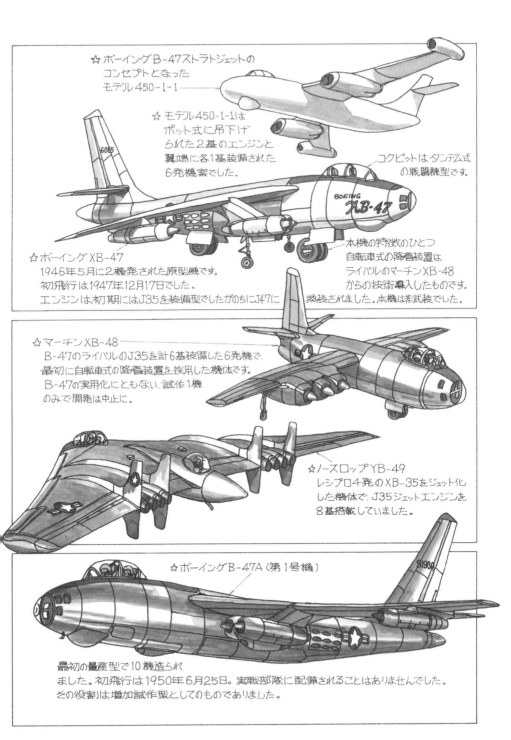

☆ボーイングB-47ストラトジェットの
　コンセプトとなった
　モデル450-1-1

　　☆モデル450-1-1は
　　ポット式に吊下げ
　　られた2基のエンジンと
　　翼端に各1基装備された
　　6発機案でした.

コクピットはタンデム式
の戦闘機型です.

☆ボーイングXB-47
　1946年5月に2機発された原型機です.
　初飛行は1947年12月17日でした.
　エンジンは初期にはJ35を装備型でしたがのちにJ47に

本機の特徴のひとつ
自転車式の降着装置は
ライバルのマーチンXB-48
からの技術導入したものです.
換装されました.本機は非武装でした.

☆マーチンXB-48
　B-47のライバルのJ35を計6基装備した6発機で.
　最初に自転車式の降着装置を採用した機体です.
　B-47の実用化にともない,試作1機
　のみで開発は中止に.

☆ノースロップYB-49
　レシプロ4発のXB-35をジェット化
　した機体で.J35ジェットエンジンを
　8基搭載していました.

☆ボーイングB-47A (第1号機)

最初の量産型で10機造られ
ました.初飛行は1950年6月25日.実戦部隊に配備されることはありませんでした.
その役割は増加試作型としてのものでありました.

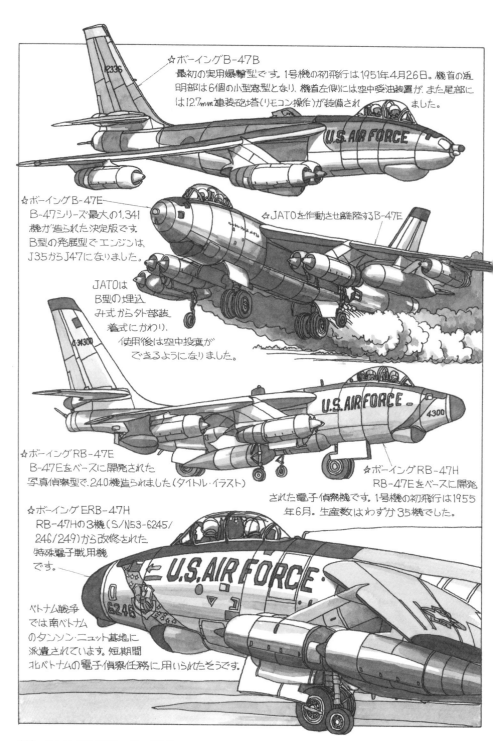

☆ボーイングB-47B
最初の実用爆撃型です。1号機の初飛行は1951年4月26日。機首の透
明部は6個の小型窓型となり、機首左側には空中受油装置が、また尾部に
は12.7mm連装砲塔(リモコン操作)が装備されました。

☆ボーイングB-47E
B-47シリーズ最大の1,341
機が造られた決定版です。
B型の発展型でエンジンは、
J35からJ47になりました。

☆JATOを作動させ離陸するB-47E

JATOは
B型の埋込
み式から外部装
着式にかわり、
使用後は空中投棄が
できるようになりました。

☆ボーイングRB-47E
B-47Eをベースに開発された
写真偵察型で、240機造られました(タイトル・イラスト)

☆ボーイングRB-47H
RB-47Eをベースに開発
された電子偵察機です。1号機の初飛行は1955
年6月。生産数はわずか35機でした。

☆ボーイングERB-47H
RB-47Hの3機(S/N53-6245/
246/249)から改修された
特殊電子戦用機
です。

ベトナム戦争
では南ベトナム
のタンソン・ニュット基地に
派遣されています。短期間
北ベトナムの電子偵察任務に用いられたそうです。

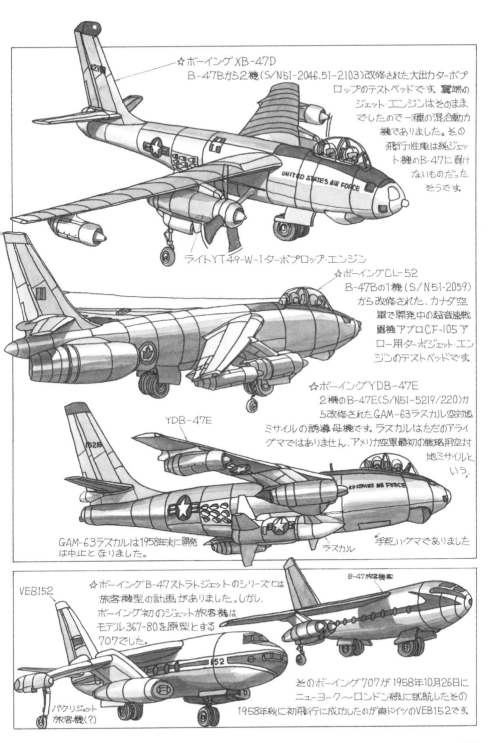

☆ボーイングXB-47D
B-47Bから2機(S/N51-2046、51-2103)改修された大出力ターボプロップのテストベッドです。翼端のジェット・エンジンはそのままでしたので一種の混合動力機でありました。その飛行性能は純ジェット機のB-47に負けないものだったそうです。

ライトYT49-W-1ターボプロップ・エンジン

☆ボーイングCL-52
B-47Bの1機(S/N51-2059)から改修された、カナダ空軍で開発中の超音速戦闘機アブロCF-105アロー用ターボジェット・エンジンのテストベッドです。

☆ボーイングYDB-47E
2機のB-47E(S/N51-5219/220)から改修されたGAM-63ラスカル空対地ミサイルの誘導母機です。ラスカルはただのアライグマではありません、アメリカ空軍最初の戦略用空対地ミサイルという、

YDB-47E

GAM-63ラスカルは1958年末に開発は中止となりました。

ラスカル

手荒いグマでありました

VEB152

☆ボーイングB-47ストラトジェットのシリーズには旅客機型の計画がありました。しかし、ボーイング初のジェット旅客機はモデル367-80を原型とする707でした。

B-47旅客機案

パクリジェット旅客機(?)

とのボーイング707が1958年10月26日にニューヨーク～ロンドン線に就航したとの1958年秋に初飛行に成功したのが東ドイツのVEB152です。

米空軍のジェット爆撃機……❸

ボーイング B-52 ストラトフォートレス

　B-52 ストラトフォートレスは、初飛行が 1952 年という超大型ジェット戦略爆撃機の元祖であります。B-52 は今でもバリバリの現役で、SAC（アメリカ戦略航空軍団）の有力な地域紛争抑止力となっており、その退役は 2040 年代前半になるという空前絶後のご長寿爆撃機なのです。

　原型 1 号機の XB-52 と、製作中に細部の艤装が変更されて YB-52 となった原型機はともに操縦席が、B-47 と同じような戦闘機型キャノピーをもったタンデム配置でした。

　操縦席が並列配置となったのは量産のための原型機として 3 機製作された B-52A からです。

　1955 年 6 月末から SAC の部隊に配置が始まった B 型は、A 型に実戦用装備を付け加えたモデルで、1956 年 5 月 21 日には史上初の水爆の空中投下実験にも使用されました。

　同年 6 月から部隊配置が始まった B-52C は、B 型の主翼下面の増槽を大型化したモデルで 35 機生産されました。つぎの D 型は爆弾倉内に偵察用パックを収容した偵察兼用型です。続く E 型は航法・爆撃用電子装備強化型で、本機のエンジンをさらに推力向上型に換装したのが F 型でした。A～F シリーズは 1958 年 11 月までに合計 448 機製作され生産は終了しました。

　1958 年 9 月に初飛行した B-52G は、全面的な機体重量の軽減を図った航続性能向上モデルです。垂直尾翼は再設計により高さが 14.7m から 13.4m に減らされました。また G 型では AGM-28A ハウンドドッグ空対地ミサイル 2 発を装備することができ、1960 年 4 月には 22 時間、1 万 7372km にわたる無着陸飛行を行なっています。

　B-52 の最終生産型 H 型は、最初で唯一のターボファン・エンジン搭載機で、1962 年 1 月には 21 時間 52 分で無着陸 2 万 143km の長距離飛行記録を樹立しています。

　核攻撃力の中核を担っていた B-52 もベトナム戦争では通常爆弾装備があらたに設けられ、さらに 1980 年代後半には ALCM（空中発射巡航ミサイル）の携行能力も付与されて湾岸戦争やイラク戦争に出撃したのであります。

☆ボーイングXB-52
B-52ストラトフォートレスの
原型1号機です。

XB-52のロールアウトは1951年11
月29日、初飛行は翌年の1952年
10月でした。

初飛行はYB-52として完成した原
型2号機のほうが早く、1952年3月
15日であります。

B-52に対する最初の量産発注は初飛
行前の1951年2月に行なわれ
ました。

☆B-52のライバル、コンベアYB-60
もとの名称はコンベアYB-36G。
このことから分かるように爆撃
機史上最大の機体B-36の
ジェット化であります。

☆ボーイングB-52A
1954年8月5日に初
飛行に成功した量産の
ための原型機で3機製
作されました。
そのうちの1機(52-3)
はX-15の発射母
機、NB-52Aと
なりました。

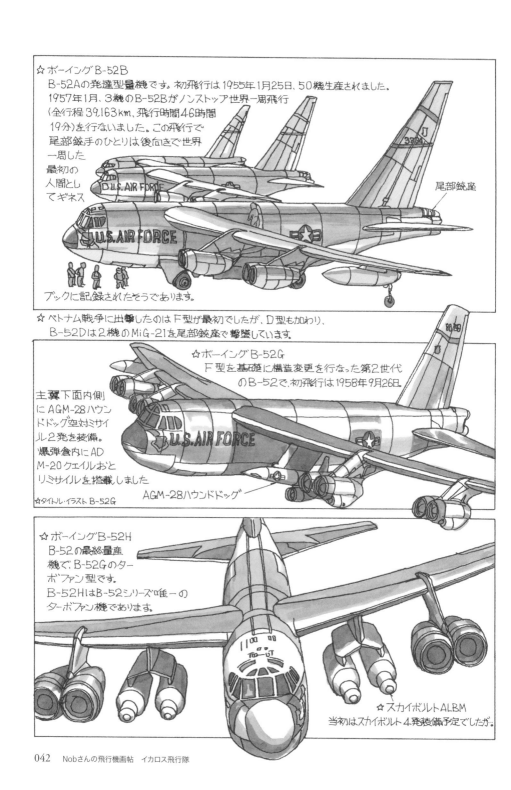

☆ボーイング B-52B
B-52Aの発達型量機です。初飛行は 1955年 1月 25日、50機生産されました。
1957年 1月、3機の B-52Bがノンストップ世界一周飛行
（全行程 39,163km、飛行時間 46時間
19分）を行ないました。この飛行で
尾部銃手のひとりは後向きで世界
一周した
最初の
人間とし
てギネス

尾部銃座

ブックに記録されたそうであります。

☆ベトナム戦争に出撃したのは F型が最初でしたが、D型も加わり、
B-52Dは 2機の MiG-21を尾部銃座で撃墜しています。

☆ボーイング B-52G
F型を基礎に構造変更を行なった第2世代
の B-52で、初飛行は 1958年 9月 26日。

主翼下面内側
に AGM-28ハウン
ドドッグ空対ミサイ
ル 2発を装備。
爆弾倉内に AD
M-20 クェイルおと
リミサイルを搭載しました

☆タイトル・イラスト B-52G

AGM-28ハウンドドッグ

☆ボーイング B-52H
B-52の最終量産
機で、B-52Gのター
ボファン型です。
B-52Hは B-52シリーズ唯一の
ターボファン機であります。

☆スカイボルト ALBM
当初はスカイボルト 4発装備予定でしたが。

☆スカイボルトALBMは開発に失敗してしまいB-52Hの携行できる長射程ミサイルは一時期、ハウンドドッグだけとなりました。そんなおり、1964年にハウンドドッグ搭載のB-52Hが乱気流で垂直尾翼を失うというアクシデントに見舞われました。

B-52Hは無事基地に帰り着けたそうです。

ハウンドドッグ

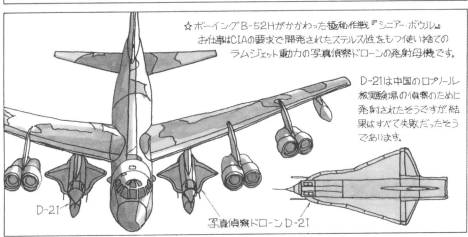

☆ボーイングB-52Hがかかわった極秘作戦『シニアー・ボウル』お仕事はCIAの要求で開発されたステルス性をもつ使い捨てのラムジェット動力の写真偵察ドローンの発射母機です。

D-21は中国のロアノール核実験場の偵察のために発射されたそうですが、結果はすべて失敗だったそうであります。

D-21

写真偵察ドローンD-21

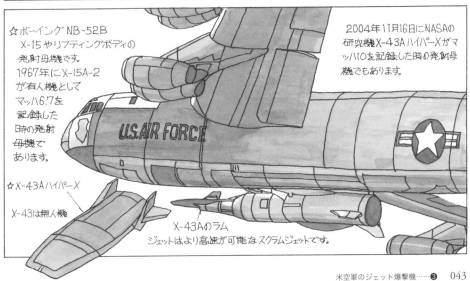

☆ボーイングNB-52B
　X-15やリフティングボディの発射母機です。1967年にX-15A-2が有人機としてマッハ6.7を記録した時の発射母機であります。

2004年11月16日にNASAの研究機X-43AハイパーXがマッハ10を記録した時の発射母機でもあります。

☆X-43AハイパーX

X-43は無人機

X-43Aのラムジェットはより高速が可能なスクラムジェットです。

米空軍のジェット爆撃機……❹

コンベア B-58 ハスラー／ノースアメリカン XB-70 ヴァルキリー

　B-58 ハスラーは、世界で最初に実用化された超音速爆撃機であります。1951 年 3 月、空軍はコンベア社の計画に対して B-58 の名称を与え、翌年 8 月には開発・生産契約を結びました。

　コンベア社では B-58 の超音速を実現するために経験豊かなデルタ翼を採用し、前縁後退角 60 度のデルタ薄翼に 4 基のアフターバーナー付ターボジェット・エンジンを組み合わせ、エンジン・ポッドをもふくめて計算された胴体中央部のエリア・ルール整形などで最大速度マッハ 2.1（1 万 5200m）を獲得できました。戦闘機より速い爆撃機の出現であります。

　B-58 は機内に爆弾倉を持ちません。兵器は外部搭載となり、胴体下面に核爆弾と燃料を納めた大きなポッドを携行する方式がとられました。

　B-58 の初飛行は 1956 年 11 月、実用部隊配備開始は 1959 年 12 月でした。1961 年〜 62 年にかけて、その高速性能を証明するように数々の速度記録を樹立しました。この栄光の 1962 年は B-58 の最終生産機 116 機目の機体が部隊配備になった年でもあります。

　この 2 年後の 1964 年 9 月 21 日、B-58 を上回るマッハ 3 の超音速爆撃機が初飛行に成功しました。ノースアメリカン XB-70 ヴァルキリーです。1966 年 4 月 12 日には最大速度マッハ 3.08 を記録しました。

　XB-70 計画の始まりは、1954 年秋に公表された B-52 の後継有人戦略爆撃機の要求仕様です。1957 年にはボーイング社との競争設計の結果、開発はノースアメリカン社に決定しました。

　XB-70 は推力 1 万 2300kg のアフターバーナー付ターボジェット・エンジンを 6 基装備し、マッハ 3 の高速で飛行するため、機体表面温度の上昇問題を考慮して、表面のほとんどはステンレス鋼のハニカム構造となっています。また方向安定性が悪化する遷音速域から高い速度では、主翼端を下方にさげる構造として方向安定性の増強を図っています。

　そんな XB-70 は 1、2 号機の完成をもって開発は中止となってしまい、空軍から NASA に移管され純粋なマッハ 3 の実験機となりました。

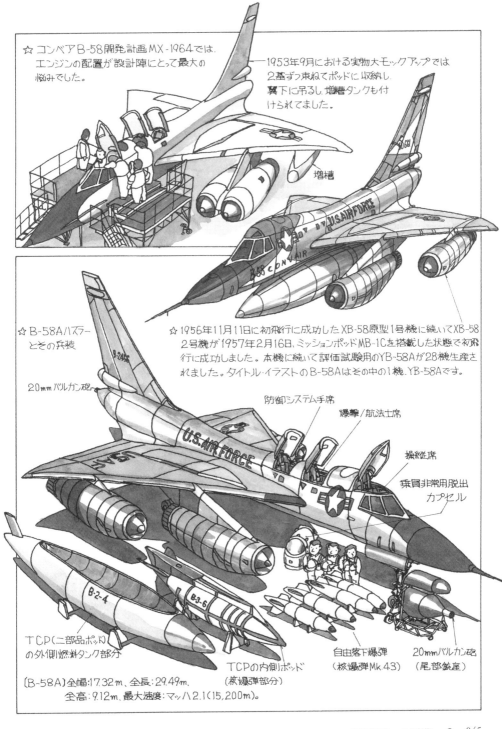

☆コンベアB-58開発計画MX-1964では、
エンジンの配置が設計陣にとって最大の
悩みでした。

1953年9月における実物大モックアップでは
2基ずつ束ねてポッドに収納し、
翼下に吊るし、増槽タンクも付
けられてました。

増槽

☆B-58Aハスラー
とその兵装

20mmバルカン砲

☆1956年11月11日に初飛行に成功したXB-58原型1号機に続いてXB-58
2号機が1957年2月16日、ミッションポッドMB-1Cを搭載した状態で初飛
行に成功しました。本機に続いて評価試験用のYB-58Aが28機生産さ
れました。タイトル・イラストのB-58Aはその中の1機、YB-58Aです。

防御システム手席

爆撃/航法士席

操縦席

乗員非常用脱出
カプセル

TCP(二部品ポッド)
の外側燃料タンク部分

TCPの内側ポッド
(核爆弾部分)

自由落下爆弾
(核爆弾Mk.43)

20mmバルカン砲
(尾部銃座)

〔B-58A〕全幅:17.32m、全長:29.49m、
全高:9.12m、最大速度:マッハ2.1(15,200m)。

☆コンベアB-58Aハスラー(No.59.2451)
○1961年5月10日、30分以上にわたり2,095km/hを維持する記録を樹立し、ブレリオ・トロフィーを獲得。

○1961年5月26日、ニューヨーク～パリ間を3時間20分、平均速度1,753km/hで飛行し、パリ航空ショーに参加しました。この記録樹立によって、マッケイ・トロフィーとハーモン・トロフィーを獲得しました。このタイムは、1927年のリンドバーグによる無着陸ニューヨーク～パリ間の飛行時間の1/10でありました。

☆ TB-58A:量産前期型のうち8機を改修した飛行訓練用機です。実際に生産されたのは爆撃型のB-58Aと本モデルだけでした。

☆ NB-58Aは、飛行テスト・ベットです。胴体下面ポッドにはXB-70用のJ93-GE-3エンジンが装備されています。

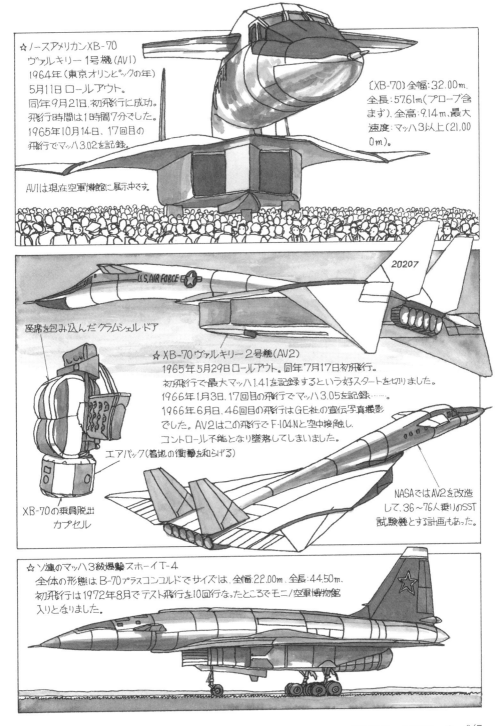

☆ノースアメリカンXB-70
ヴァルキリー1号機(AV1)
1964年(東京オリンピックの年)
5月11日 ロールアウト。
同年9月21日、初飛行に成功。
飛行時間は1時間7分でした。
1965年10月14日、17回目の
飛行でマッハ3.02を記録。

〔XB-70〕全幅：32.00m.
全長：57.61m(プローブ含
まず)、全高：9.14m、最大
速度：マッハ3以上(21,00
0m)。

AV1は現在空軍博物館に展示中です。

20207

U.S.AIR FORCE

座席を包み込んだクラムシェルドア

エアバック(着地の衝撃を和らげる)

XB-70の乗員脱出
カプセル

☆ XB-70ヴァルキリー2号機(AV2)
1965年5月29日ロールアウト。同年7月17日初飛行。
初飛行で最大マッハ1.41を記録するという好スタートを切りました。
1966年1月3日、17回目の飛行でマッハ3.05を記録……。
1966年6月8日、46回目の飛行はGE社の宣伝写真撮影
でした。AV2はこの飛行でF-104Nと空中接触し、
コントロール不能となり墜落してしまいました。

NASAではAV2を改造
して、36〜76人乗りのSST
試験機とする計画もあった。

☆ソ連のマッハ3級爆撃スホーイT-4
全体の形態はB-70プラスコンコルドでサイズは、全幅：22.00m、全長：44.50m、
初飛行は1972年8月でテスト飛行を10回行なったところでモニ/空軍博物館
入りとなりました。

米空軍のジェット爆撃機……❺

マーチン B-57 キャンベラ/ダグラス B-66 デストロイヤー

　双発ジェット爆撃機マーチン B-57 キャンベラは、アメリカ空軍の戦闘用航空機として唯一の外国設計の機体であります。

　1950 年に朝鮮戦争が勃発した時、アメリカ空軍の TAC（戦術航空軍団）が保有する双発軽爆撃機は、戦中派のレシプロのダグラス B-26 インベーダーだけという状況でありました。

　アメリカ空軍では泥縄でしたが、北朝鮮の補給線を阻止する夜間侵入機に使用していた B-26 の後継機の急募を行ないました。

　本命視されていたのが戦術爆撃機として試験中だった 3 発ジェットのマーチン XB-51 でしたが、イギリス初のジェット爆撃機である傑作機、イングリッシュ・エレクトリック・キャンベラ B.Mk2 爆撃機が 1951 年、B-57 としての採用とマーチン社でのライセンス生産が決まりました。

　本機のライセンス生産に当たっては、単なるキャンベラのコピー生産ではなく、アメリカ規格に改められて行なわれました。

　キャンベラの優秀な DNA を引き継いだ B-57 は、その使い勝手の良さから独自の進化とげ、キャンベラの分家は本家を上回る多数の発達型を誕生させました。403 機生産されベトナム戦争にも参加した B-57 がアメリカ空軍を引退したのは 1974 年で、偵察型の RB/WB-57F が最後の機体となりました。

　アメリカ空軍ではキャンベラのライセンス生産機である B-57A 1 号機で初飛行に成功したひと月後の 1953 年 8 月に、次期戦術偵察・爆撃機として採用を決めたのがダグラス B-66 デストロイヤーであります。

　B-66 はアメリカ海軍の大型艦上攻撃機ダグラス A-3A スカイウォリアを空軍規格の陸上機に設計変更した機体で、主翼、搭載エンジン、コックピット回り等が大きく変わりました。その原型 1 号機 RB-66A の初飛行は 1954 年 6 月。

　1954 〜 58 年の間に計 294 機生産された B-66 の爆撃機型は B 型（78 機）だけでした。写真偵察型や電子偵察型から電子戦用機に改造された EB-66 は、ベトナム戦争でレーダージャミングや攻撃機を誘導するパスファインダーとして活躍しました。

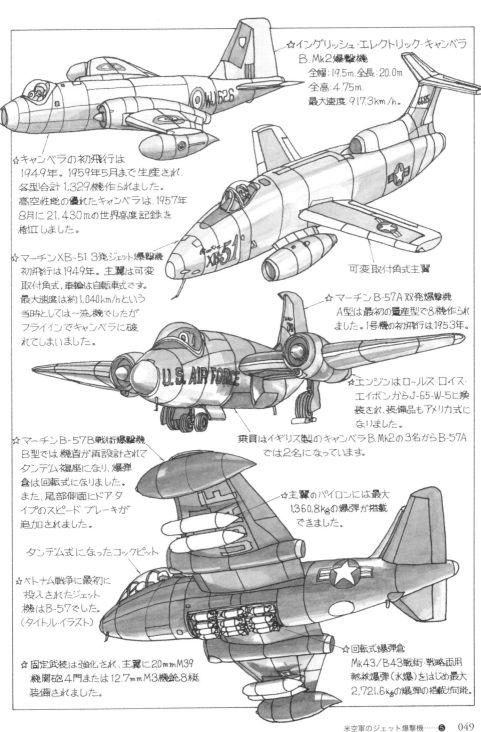

☆イングリッシュ・エレクトリック・キャンベラ
　B.Mk2 爆撃機
　全幅：19.5m. 全長：20.0m
　全高：4.75m.
　最大速度：917.3km／h.

☆キャンベラの初飛行は
　1949年。1959年5月まで生産され.
　各型合計 1,329機作られました。
　高空性能の優れたキャンベラは.1957年
　8月に 21,430mの世界高度記録を
　樹立しました。

☆マーチンXB-51 3発ジェット爆撃機
　初飛行は1949年。主翼は可変
　取付角式、車輪は自転車式です。
　最大速度は約1,040km/hという
　当時としては一流機でしたが
　フライインでキャンベラに破
　れてしまいました。

可変取付角式主翼

☆マーチンB-57A 双発爆撃機
　A型は最初の量産型で8機作ら
　れました。1号機の初飛行は1953年。

☆エンジンはロールス・ロイス・
　エイボンからJ-65-W-5に換
　装され、装備品もアメリカ式に
　なりました。

乗員はイギリス製のキャンベラB.Mk2の3名からB-57A
では2名になっています。

☆マーチンB-57B 戦術爆撃機
　B型では機首が再設計されて
　タンデム複座になり、爆弾
　倉は回転式になりました。
　また、尾部側面にドア・タ
　イプのスピード・ブレーキが
　追加されました。

タンデム式になったコックピット

☆ベトナム戦争に最初に
　投入されたジェット
　機はB-57でした。
　（タイトル・イラスト）

☆主翼のパイロンには最大
　1,360.8kgの爆弾が搭載
　できました。

☆固定武装は強化され、主翼に20mmM39
　機関砲4門または12.7mmM3機銃8梃
　装備されました。

☆回転式爆弾倉
　Mk43/B43 戦術・戦略両用
　熱核爆弾（水爆）をはじめ最大
　2,721.6kgの爆弾の搭載が可能。

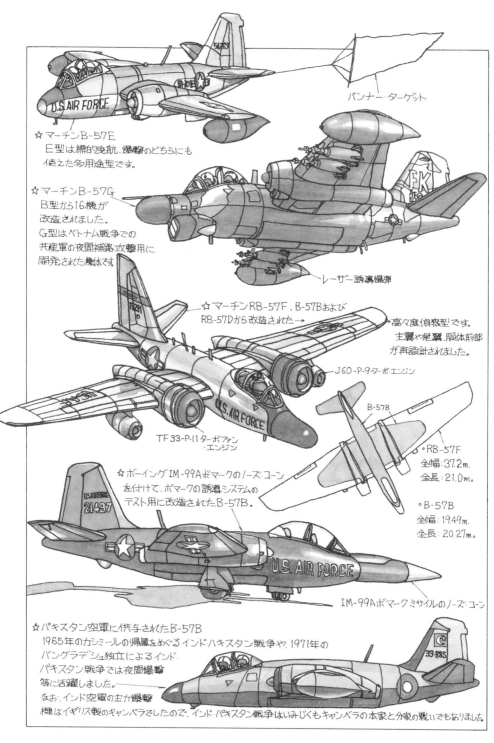

☆マーチンB-57E
　E型は標的曳航、爆撃のどちらにも
　使えた多用途型です。

バンナー・ターゲット

☆マーチンB-57G
　B型から16機が
　改造されました。
　G型はベトナム戦争での
　共産軍の夜間補路攻撃用に
　開発された機体です。

レーザー誘導爆弾

☆マーチンRB-57F、B-57Bおよび
　RB-57Dから改造された→

高々度偵察型です。
主翼や尾翼、胴体前部
が再設計されました。

J60-P-9ターボエンジン

TF33-P-11ターボファン
　エンジン

B-57B

°RB-57F
全幅：37.2m。
全長：21.0m。

°B-57B
全幅：19.49m。
全長：20.27m。

☆ボーイングIM-99Aボマークのノーズ・コーン
　を付けて、ボマークの誘導システムの
　テスト用に改造されたB-57B。

U.S. AIR FORCE

IM-99Aボマークミサイルのノーズ・コーン

☆パキスタン空軍に供与されたB-57B
　1965年のカシミールの帰属をめぐるインド・パキスタン戦争や、1971年の
　バングラデシュ独立によるインド・
　パキスタン戦争では夜間爆撃
　等に活躍しました。
　なお、インド空軍の主力爆撃
　機はイギリス製のキャンベラでしたので、インド・パキスタン戦争はいみじくもキャンベラの本家と分家の戦いでもありました。

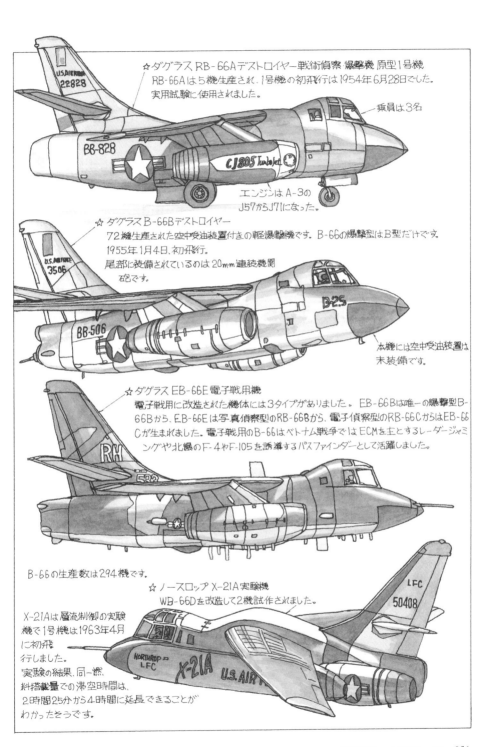

☆ダグラス RB-66A デストロイヤー戦術偵察 爆撃機 原型1号機
RB-66A はら機生産され、1号機の初飛行は1954年6月28日でした。
実用試験に使用されました。

乗員は3名

エンジンは A-3の
J57からJ71になった。

☆ダグラス B-66B デストロイヤー
72機生産された空中受油装置付きの軽爆撃機です。B-66の爆撃型はB型だけです。
1955年1月4日、初飛行。
尾部に装備されているのは 20mm 連装機関
砲です。

本機には空中受油装置は
未装備です。

☆ダグラス EB-66E 電子戦用機
電子戦用に改造された機体には3タイプがありました。 EB-66Bは唯一の爆撃型B-
66Bから、EB-66Eは写真偵察型のRB-66Bから、電子偵察型のRB-66CからはEB-66
Cが生まれました。電子戦用のB-66はベトナム戦争ではECMを主とするレーダージャミ
ングや北爆のF-4やF-105を誘導するパスファインダーとして活躍しました。

B-66の生産数は294機です。

☆ノースロップ X-21A 実験機
WB-66Dを改造して2機試作されました。

X-21Aは層流制御の実験
機で1号機は1963年4月
に初飛
行しました。
実験の結果、同一燃
料搭載量での滞空時間は、
2時間25分から4時間に延長できることが
わかったそうです。

前翼機と串型翼機……❶

ライトフライヤー1～フォッカー V8

前翼式は胴体の先端に小翼を持ち、その後方に主翼がある形態の飛行機です。普通形式の飛行機の尾翼を胴体の先端に移設したような形態から、先尾翼式とも呼ばれています。この形式の飛行機をドイツでは「エンテ」、イギリスでは「カナード（前翼の呼び名で使用する場合もあります）」、フランス、イタリアでは「カナール」と、鴨を指す言葉で呼んでいます。

この呼び名の由来は、「前翼機の飛行の様子が、鴨が細長い首を伸ばして飛ぶ格好に似ているから」との説が定説になっています。

なぜ数多くいる水鳥の中から、鴨に白羽の矢が立ったのでしょうか？

前翼式イコール鴨型のいわれは、フランス語の「カナール」にあります。気球や飛行船の開発はフランスが世界最初、グライダーはドイツが世界最初と、人類が空を飛ぶものに関してはヨーロッパ諸国がリードしていました。

しかし、その飛行機開発の現状は地上を這い回るばかりで、ちょっとしたジャンプも「飛んだ飛んだ」と大騒ぎするレベルでありました。そんなところに飛び込んできたのが「ライト兄弟初飛行に成功」の報であります。

中華思想のフランス人には信じられないことでした。こんな難しいものがアメリカの田舎ものに出来るはずがなーい！　これはインチキにちがいない、フランス人は言いました「これはカナールだ」と。

フランス語でインチキなニュースのことを「カナール」というそうです。これが「カナール」の語源であります。

この「カナール」インチキなニュース説から、世界で最初に動力飛行に成功したヨーロッパ以外の国の飛行機はその形態に関係なく、「カナール」と呼ばれる可能性がありました。その最も有力な飛行機がアメリカのラングレー教授が製作し、ライト兄弟が初飛行に成功する9日前に試験飛行を試み、不成功に終わった「エアロドローム」号であります。

「エアロドローム」号は串型翼式飛行機でした。もし、飛行に成功していたら、「鴨肉の串焼き」に格好が似ているからと、串型翼式機が「カナール」と呼ばれていたカモ知れません。

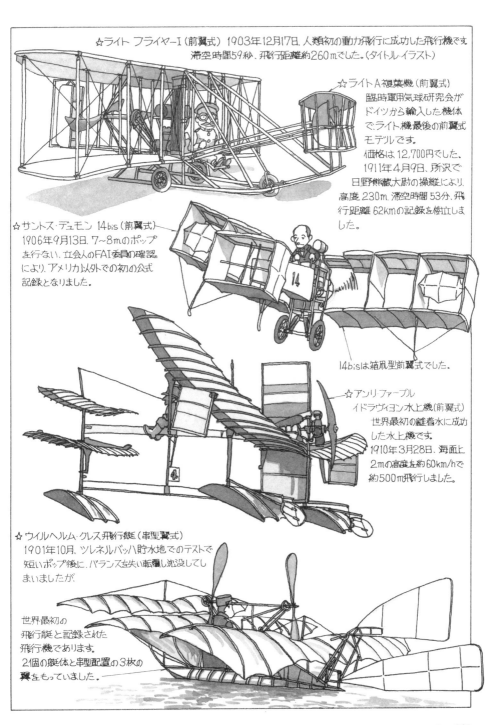

☆ライト フライヤーⅠ（前翼式）1903年12月17日、人類初の動力飛行に成功した飛行機です。
滞空時間59秒、飛行距離約260mでした。（タイトル・イラスト）

☆ライトA複葉機（前翼式）
臨時軍用気球研究会が
ドイツから輸入した機体
でライト機最後の前翼式
モデルです。
価格は12,700円でした。
1911年4月9日、所沢で
日野熊蔵大尉の操縦により、
高度230m、滞空時間53分、飛
行距離62kmの記録を樹立しま
した。

☆サントス・デュモン 14bis（前翼式）
1906年9月13日、7～8mのポップ
を行ない、立会人のFAI委員の確認
により、アメリカ以外での初の公式
記録となりました。

14bisは箱凧型前翼式でした。

☆アンリ・ファーブル
イドラヴィヨン水上機（前翼式）
世界最初の離着水に成功
した水上機です。
1910年3月28日、海面上
2mの高度を約60km/hで
約500m飛行しました。

☆ウイルヘルム・クレス飛行艇（串型翼式）
1901年10月、ツレネルバッハ貯水地でのテストで
短いポップ後に、バランスを失い転覆し沈没してし
まいましたが、

世界最初の
飛行艇と記録された
飛行機であります。
2個の艇体と串型配置の3枚の
翼をもっていました。

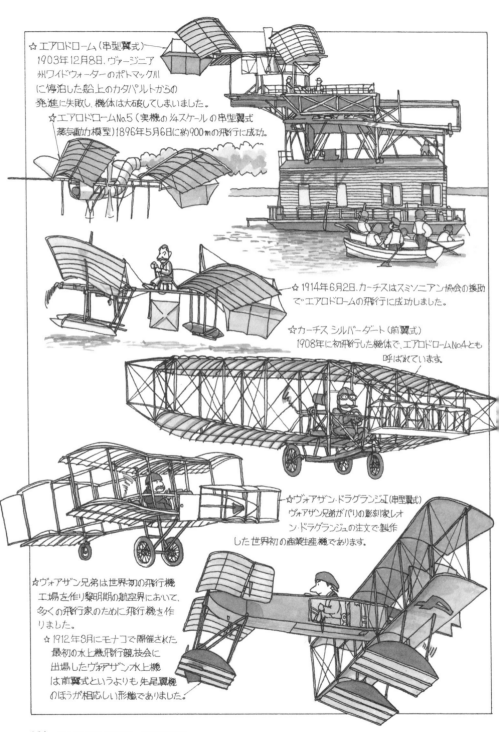

☆エアロドローム（串型翼式）
1903年12月8日、ヴァージニア
州ワイドウォーターのポトマック川
に停泊した船上のカタパルトからの
発進に失敗し、機体は大破してしまいました。

☆エアロドロームNo.5（実機の¼スケールの串型翼式
蒸気動力模型）1896年5月6日に約900mの飛行に成功。

☆1914年6月2日、カーチスはスミソニアン協会の援助
でエアロドロームの飛行に成功しました。

☆カーチス シルバーダート（前翼式）
1908年に初飛行した機体で、エアロドロームNo.4とも
呼ばれています。

☆ヴォアザン・ドラグランジュI（串型翼式）
ヴォアザン兄弟がパリの彫刻家レオ
ン・ドラグランジュの注文で製作
した世界初の商業生産機であります。

☆ヴォアザン兄弟は世界初の飛行機
工場を作り黎明期の航空界において、
多くの飛行家のために飛行機を作
りました。

☆1912年8月にモナコで開催された
最初の水上機飛行競技会に
出場したヴォアザン水上機
は前翼式というよりも先尾翼機
のほうが相応しい形態でありました。

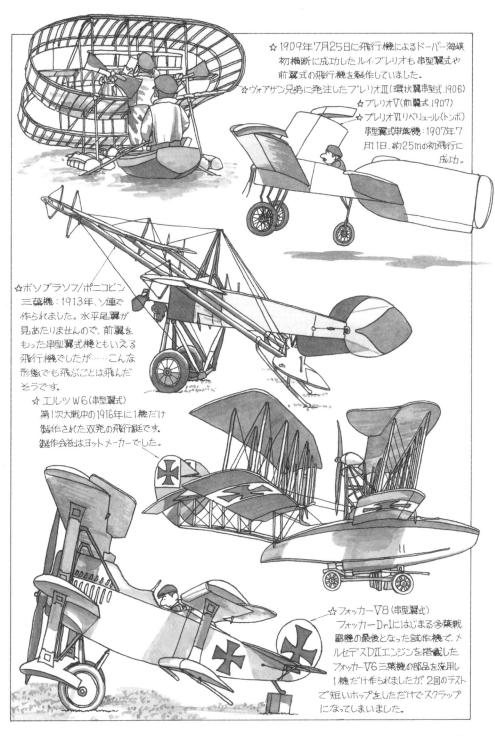

☆1909年7月25日に飛行機によるドーバー海峡
初横断に成功したルイ・ブレリオも串型翼式や
前翼式の飛行機を製作していました。
☆ヴォアザン兄弟に発注したブレリオⅢ(環状翼串型式.1906)
☆ブレリオⅤ(前翼式.1907)
☆ブレリオⅥリベリュール(トンボ)
串型翼式串葉機:1907年7
月11日.約25mの初飛行に
成功。

☆ボソブラソフ/ポニコビン
三葉機:1913年、ソ連で
作られました。水平尾翼が
見あたりません○で、前翼を
もった串型翼式機ともいえる
飛行機でしたが……こんな
形態でも飛ぶことは飛んだ
そうです。

☆エルツW6(串型翼式)
第1次大戦中の1916年に1機だけ
製作された双発の飛行艇です。
製作会社はヨットメーカーでした。

☆フォッカーV8(串型翼式)
フォッカーDr.1にはじまる多葉戦
闘機の最後となった試作機で、メル
セデスDⅡエンジンを搭載した
フォッカーV6三葉機の部品を流用し
1機だけ作られましたが、2回のテスト
で短いホップをしただけでスクラップ
になってしまいました。

前翼機と串型翼機……❷

フォッケウルフ・エンテ～震電

　串型翼型式機では、ほぼ同じ大きさの前翼と後翼とが前後にならんでいます。そのため重心点が移動しても安定が良く、また前翼が後翼のスロットのような働きをするので、失速速度が低いという利点があります。しかし、これは前翼の後翼に対する干渉が大きいということで、全体的な性能にマイナスの結果ともなります。

　そんな串型翼型式機の歴史的な機体が、大戦間に誕生しました。第一次大戦終結から間もない1921年3月3日に飛行テストを行なった、イタリアのカプロニ Ca60 旅客飛行艇と、1935年に初飛行したフランスのアンリ・ミニエ「プー・ド・シェル（空のシラミ）」軽飛行機であります。

　カプロニ Ca60 は3葉式主翼3組を持ち、400馬力発動機8基を搭載、100の客席を備えた全幅33m、全長22m、全高9.6m、最大重量2万5000kg という当時世界最大の巨人機で、「プー・ド・シェル」は「素人にも乗れる安全第一のスポーツ機」をキャッチフレーズにした全幅6m、全長4m、自重100kg の超小型機でした。

　一方、縦安定が良好で失速しにくい前翼式機の世界において、1927年2月2日に初飛行したドイツのフォッケ・ウルフ F19 は、自ら「エンテ（鴨）」と名乗る双発機で、この成功により前翼式形態飛行機の呼称「エンテ」が定着したのであります。

　わが十八試局地戦闘機「震電」の海軍航空本部の計画要求書では型式は前翼型となっています。

　型式名称の決定では、「エンテ」とすると「いいカモ」「鴨葱」を連想させ、また先尾翼式では後ろ向きの印象を与えることとなり、これまた局地戦闘機の型式名にはいかがなものかということで前翼型に落ち着いたのたのカモ……。

　前翼機は機首にプロペラがないので、単発機でも大口径の機関砲を装備でき、搭乗員の視界が良いという戦闘機には大層魅力ある形態であります。

　いち早くこの形態の戦闘機の開発を手がけたのはイタリアで、1939年5月にアンブロシーニ SS4 が初飛行しました。

　前翼式戦闘機の2番手がカーチス XP-55 アセンダーで、わが「震電」は3番手でありました。

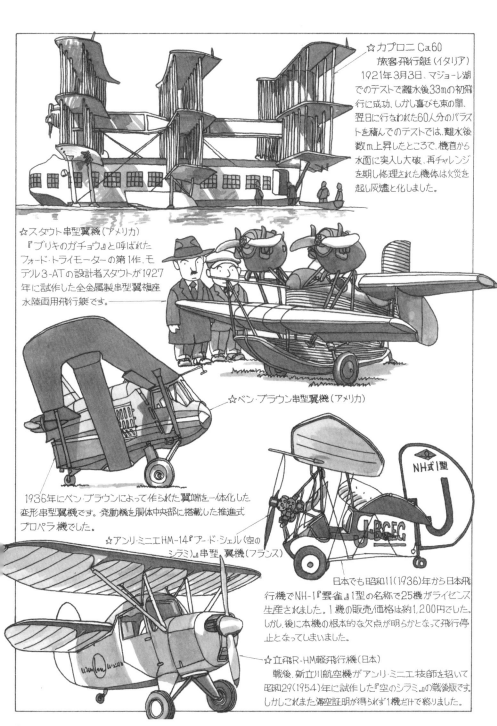

☆カプロニ Ca.60
旅客飛行艇（イタリア）
1921年3月3日、マジョーレ湖
でのテストで離水後33mの初飛
行に成功。しかし喜びも束の間、
翌日に行なわれた60人分のバラス
トを積んでのテストでは、離水後
数m上昇したところで、機首から
水面に突入し大破。再チャレンジ
を期し修理された機体は火災を
起し灰燼と化しました。

☆スタウト串型翼機（アメリカ）
『ブリキのガチョウ』と呼ばれた
フォード・トライモーターの第1作。モ
デル3-ATの設計者スタウトが1927
年に試作した全金属製串型翼複座
水陸両用飛行艇です。

☆ベン・ブラウン串型翼機（アメリカ）

1936年にベン・ブラウンによって作られた翼端を一体化した
変形串型翼機です。発動機を胴体中央部に搭載した推進式
プロペラ機でした。

☆アンリ・ミニエHM-14『プ・ド・シェル（空の
シラミ）』串型翼機（フランス）

日本でも昭和11（1936）年から日本飛
行機でNH-1『雲雀』1型の名称で25機がライセンス
生産されました。1機の販売価格は約1,200円でした。
しかし、後に本機の根本的な欠点が明らかとなって飛行停
止となってしまいました。

☆立飛R-HM軽飛行機（日本）
戦後、新立川航空機がアンリ・ミニエ技師を招いて
昭和29（1954）年に試作した『空のシラミ』の戦後版です。
しかしこれまた滞空証明が得られず1機だけで終りました。

☆ユンカースJ1000前翼機（ドイツ）
ヒューゴ・ユンカース教授が1924年に考えた前翼形態の厚翼の100人乗り全翼機計画案で、1925年には客室部分だけの実物大のモックアップが作られています。

☆フォッケ・ウルフF19『エンテ』（ドイツ）
1927年2月2日に初飛行した『エンテ』の最大の功績は、機名を前翼機の代名詞にしたことです。因みにフォッケ・ウルフ社はハインリッヒ・フォッケとゲオルグ・ウルフによって設立された航空機メーカーです。創立者のひとり、ゲオルグ・ウルフは本機のテスト飛行で墜落事故により命を落としました。

☆初飛行時のMiG-8『ウトカ（鴨・アヒル）』前翼機（ソ連）

☆MiG-8『ウトカ』
ミグ設計局がジェット戦闘機の将来像を見据えて開発した軽飛行機です。開発計画は1939年に始まり、独ソ開戦により作業は一時中断しましたが、1945年に初飛行しました。初飛行時の垂直翼は主翼の先端にあった。

F-104やU-2、SR-71の設計者で知られるロッキード社の鬼才C.L.ジョンソンが1940年前後に考えていたという前翼機です。

☆ロッキード・モデル30攻撃爆撃機（アメリカ）

✿アンブロシニ SS4 前翼式戦闘機(イタリア)
　1939年5月に初飛行し、1940年から19
41年にかけて空軍飛行テスト・センターで
試験が行なわれ、その性能の高さを示しま
したが、惜しくも着陸時の発動機の故障
のため不時着大破し、失われました。
　1938年には前翼機のデータ収集のために
SS3実験機が1機作られました。

✿カーチス XP-55『アセンダー』(アメリカ)
　1939年11月に陸軍当局が提示した、従来の
定型を破った形態の戦闘
機を要求する『周回計画』
に応募したカーチス社
案がXP-55です。

初飛行は1943年7月、
しかし、失速特性と発
動機冷却の悪さが命取りとなり、開発は中止に。
　✿前翼機のデータ収集のためにCW-21Bが作
　られ、1941年12月に初飛行しました。

✿MXY6 前翼型滑空機(日本)
　『震電』の開発に先立って昭和18年
9月に完成したデータ収集のための並列複座の
モーター・グライダーです。

✿九州十八試局地戦闘機『震電』
　わが国最初の前翼型戦闘機です。
昭和20(1945)年8月3日に福岡
市内の陸軍の蓆田飛行場(元板
付飛行場,現福岡空港)で初飛
行に成功し、その
後、6日、8日に各
1回のテスト飛行が行なわれ、終戦
を迎えました。
　しかし、このたった3回の飛行でも
飛べば必ず市街地上空を通るため、
迂闊千万なことに前翼型という異様な姿の極秘
兵器『震電』は多くの人々の目にふれてしまいました。

試験飛行がデモ・
フライトの結果と
なってしまった『震電』

前翼機と串型翼機……❸

リベルーラ～サイドワインダー

前翼機と串型翼機との線引きは、前翼の翼面積により所属が左右されるようで、かなり玉虫色であります。

そんな串型翼形式の機体をジョージ・マイルズは1942年、イギリス海軍のシーハリケーン、シーファイアに代わる新艦上戦闘機として提案しました。

当時、串型翼形式機の飛行特性についてはよくわからなかったため、フライング・スケールモデルの製作から開発はスタートし、完成したのが実験機マイルズM35リベルーラです。マイルズが続いて爆撃機仕様B11/41に合わせた爆撃機の設計を、同年7月に空軍省に提出すると共に、発注前に自力で製作したのが、本機の8分の5のフライング・スケールモデルのM39Bリベルーラであります。M39Bは前翼が短くなった前翼形式の双発機で、1944年には公式に買上げられ、シリアル・ナンバーSR392が授けられました。

この他の大戦中にイギリスで製作された串型翼機に、ウエストランド・ライサンダーを改造し、1機試作された、重爆撃機の銃手養成用の練習機があり

ます。

前翼機というキャラが立ったのは誘導弾という職域であります。

前翼形式のミサイルの元祖といえば、第二次大戦末期にドイツで実用化の域に達した地対空誘導弾「ラインホター（ラインの娘）」でしょう。

そしてその中興の祖は異論なしで、短距離空対空誘導弾サイドワインダーであります。サイドワインダーの開発は1940年代後半に始まりました。

戦場デビューは、1958年9月の台湾と中国との金門・馬祖の両島をめぐる紛争でした。台湾空軍のF-86Fはアメリカから供与されたサイドワインダーにより、多数の中国空軍のMiG-17を一方的に撃墜し、台湾空軍の勝利に貢献したのであります。

この空中戦で1発のサイドワインダーがMiG-17に命中したものの不発となり、ソ連の空対空誘導弾AA-2アトールの母となったとのお噂であります。

このAA-2アトールは後に、ベトナム戦争で北ベトナム軍のMiG-21に装備され、アメリカ軍機に多大な損害を与えることになりました。

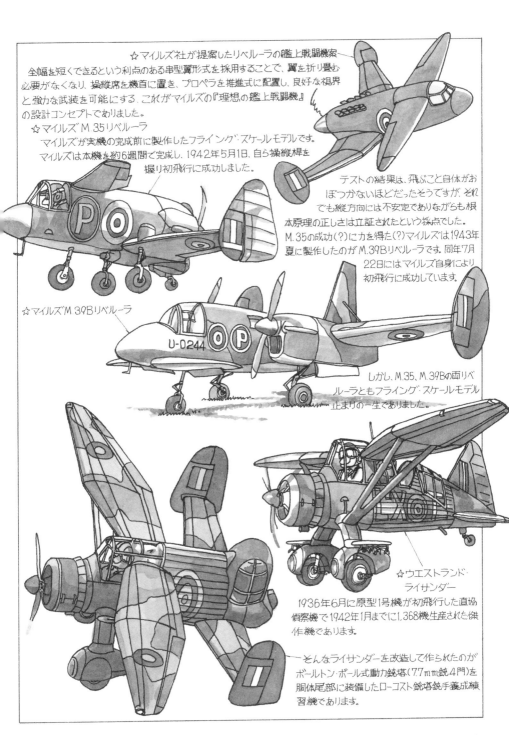

☆マイルズ社が提案したリベルーラの艦上戦闘機案
全幅を短くできるという利点のある串型翼形式を採用することで、翼を折り畳む
必要がなくなり、操縦席を機首に置き、プロペラを推進式に配置し、良好な視界
と強力な武装を可能にする。これがマイルズの『理想の艦上戦闘機』
の設計コンセプトでありました。

☆マイルズ M.35 リベルーラ
マイルズが実機の完成前に製作したフライング・スケール・モデルです。
マイルズは本機を約6週間で完成し、1942年5月1日、自ら操縦桿を
握り初飛行に成功しました。

テストの結果は、飛ぶこと自体がお
ぼつかないほどだったそうですが、それ
でも縦方向には不安定でありながらも根
本原理の正しさは立証されたという採点でした。
M.35の成功(?)に力を得た(?)マイルズは1943年
夏に製作したのがM.39Bリベルーラです。同年7月
22日にはマイルズ自身により
初飛行に成功しています。

☆マイルズ M.39B リベルーラ

しかし、M.35、M.39Bの両リベ
ルーラともフライング・スケール・モデル
止まりの一生でありました。

☆ウエストランド・
ライサンダー
1936年6月に原型1号機が初飛行した直協
偵察機で1942年1月までに1,368機生産された傑
作機であります。

そんなライサンダーを改造して作られたのが
ボールトン・ポール動力式銃塔(7.7mm銃4門)を
胴体尾部に装備したローコスト銃塔銃手養成練
習機であります。

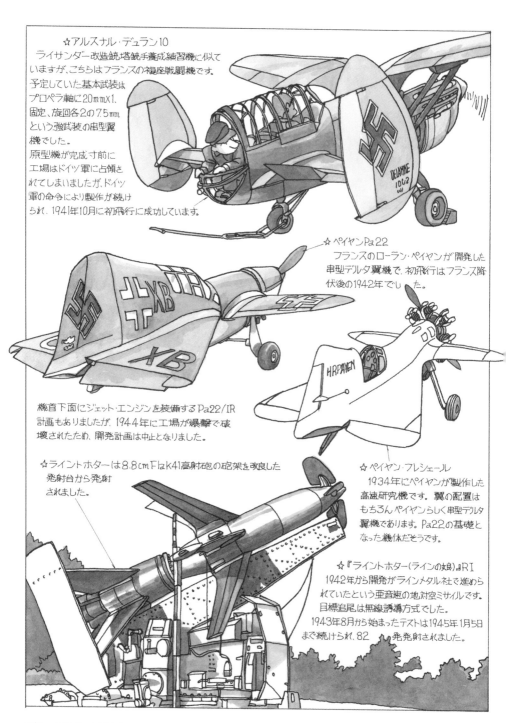

☆アルスナル・デュラン10
ライサンダー改造銃塔銃手養成練習機に似ていますが、こちらはフランスの複座戦闘機です。予定していた基本武装はプロペラ軸に20mm×1、固定、旋回各2の7.5mmという強武装の串型翼機でした。
原型機が完成寸前に工場はドイツ軍に占領されてしまいましたが、ドイツ軍の命令により製作が続けられ、1941年10月に初飛行に成功しています。

☆ペイヤンPa22
フランスのローラン・ペイヤンが開発した串型デルタ翼機で、初飛行はフランス降伏後の1942年でした。

機首下面にジェット・エンジンを装備するPa22/IR計画もありましたが、1944年に工場が爆撃で破壊されたため、開発計画は中止となりました。

☆ペイヤン・フレシェール
1934年にペイヤンが製作した高速研究機です。翼の配置はもちろんペイヤンらしく串型デルタ翼機であります。Pa22の基礎となった機体だそうです。

☆ライントホターは8.8cm Flak41高射砲の砲架を改良した発射台から発射されました。

☆『ライントホター(ラインの娘)』RI
1942年から開発がラインメタル社で進められていたという亜音速の地対空ミサイルです。目標追尾は無線誘導方式でした。
1943年8月から始まったテストは1945年1月5日まで続けられ、82発発射されました。

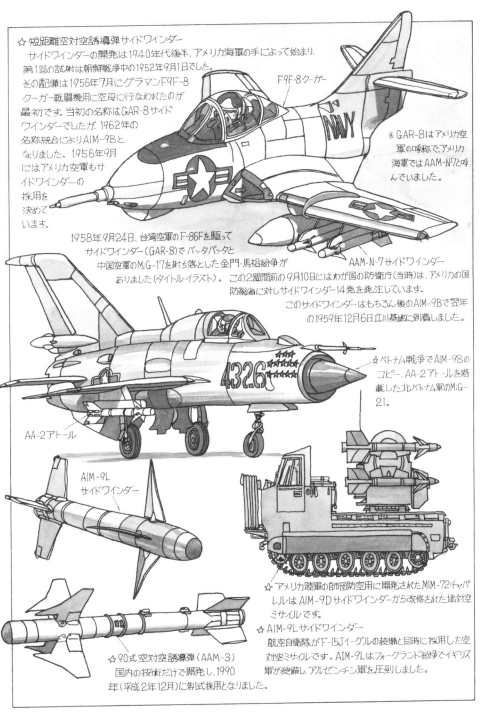

☆ 短距離空対空誘導弾サイドワインダー
　サイドワインダーの開発は1940年代後半、アメリカ海軍の手によって始まり、
第1回の試射は朝鮮戦争中の1952年9月1日でした。
その配備は1956年7月にグラマンF9F-8
クーガー戦闘機用に空母に行なわれたのが
最初です。当初の名称はGAR-8サイド
ワインダーでしたが、1962年の
名称統合によりAIM-9Bと
なりました。1956年9月
にはアメリカ空軍もサ
イドワインダーの
採用を
決めて
います。

F9F-8クーガー

※ GAR-8はアメリカ空
　軍の呼称で、アメリカ
　海軍ではAAM-N-7と呼
　んでいました。

1958年9月24日、台湾空軍のF-86Fを駆って
サイドワインダー(GAR-8)でバッタバッタと
中国空軍のMiG-17を射ち落とした金門・馬祖紛争が
ありました(タイトル・イラスト)。この2週間前の9月10日にはわが国の防衛庁(当時)は、アメリカの国
防総省に対しサイドワインダー14発を発注しています。
　　　このサイドワインダーはもちろん後のAIM-9Bで翌年
　　　の1959年12月6日立川基地に到着しました。

AAM-N-7サイドワインダー

☆ベトナム戦争でAIM-9Bの
　コピー、AA-2アトールを搭
　載した北ベトナム軍のMiG-
　21。

AA-2アトール

AIM-9L
サイドワインダー

☆アメリカ陸軍の師団防空用に開発されたMIM-72チャパ
　レルはAIM-9Dサイドワインダーから改修された地対空
　ミサイルです。
☆ AIM-9Lサイドワインダー
　航空自衛隊がF-15Jイーグルの装備と同時に採用した空
　対空ミサイルです。AIM-9Lはフォークランド紛争でイギリス
　軍が装備し、アルゼンチン軍を圧倒しました。

☆90式空対空誘導弾(AAM-3)
　国内の技術だけで開発し、1990
　年(平成2年12月)に制式採用となりました。

Nob.

前翼機と串型翼機……❹

X-10 ～ T-2CCV

　前翼形式を採用したサイドワインダーの成功は西側陣営ばかりでなく、東側陣営でもコピー品が戦闘機の標準装備になるほど、短射程空対空誘導弾（AAM）として大ブレークしたのであります。

　サイドワインダーと同時期に開発されながら、一時代を築くことなく消えていった前翼形式の誘導弾がありました。アメリカ空軍のノースアメリカンSM-64「ナバホ」前翼付有翼大陸間巡航ミサイルとアメリカ海軍の潜水艦発射前翼付有翼ミサイル、チャンスボート「レギュラスⅡ」です。

　開発当初、「ナバホ」は無人爆撃機と位置づけられていました。本機の5分の4スケールのノースアメリカンX-10前翼付デルタ翼実験機を製作して慎重に進められたのですが、テストプログラム終了後まもなく、アメリカ空軍の方針転換により計画中止となりました。一方の「レギュラスⅡ」も約200機も生産されながら、前時代的な誘導システムが大ブレークとなり、1年ほどで現役を引退、地対空ミサイルの標的機への転身を余儀なくされたのであります。

　1977年に鳴り物入りで登場した垂直離着陸前翼式戦闘機の試作機ロックウェルXFV-12は、浮揚力を140％増加できるというオーギュメンター・ウイング構想に基づき開発されましたが、テストした結果、浮揚力は70％で、開発計画は中止となりました。

　Xナンバーの前翼機には辛い時代が続きましたが、1980年代に入ると環境が一変、コンピューターの性能向上が前翼式機の追い風となり、NASAのグラマンX-29Aやロックウェル／MBB・X-31Aがその高機動性能を立証し、1996年から行なわれた、後尾翼を持ちながら前翼も有するF-15ACTIVEの実験飛行は、これらの成果を検証するものでありました。

　本機のように後尾翼と前翼を併せ持つ3舵面式機は、ミコヤン設計局が1961年に製作したYe-6/3Tが元祖のようですが、機体制御には苦しんだようです。3舵面式機のこの弱点はフライ・バイ・ワイヤ（FBW）操縦システムと手を組むことにより解決され、F-16CCVやT-2CCVの開発に結びつき、大いに成果を上げたのであります。

☆ノースアメリカン X-10 ─────

　核弾頭を装備し、最大速度マッハ3、射程
8,000kmのノースアメリカンSM-64ナバホの
4/5スケール前翼付デルタ翼実験機です。
外形デザインはナバホに準じ、また繰り返し
使用するために、引込み式の前輪式降着装置を
持っています。本機は13機製作され、1号
機の初飛行は1953年10月。飛行テスト
回数27回、テストプログラム終了は、
1957年2月4日でした。

☆チャンスボートXSSM-N-9レギュラスⅡ
　1956年に初飛行に成功した最大速度がマッハ2に近い、
アメリカ海軍2代目の有翼前翼付の潜水艦搭載戦略ミサイ
ルです。飛行テスト機(XSSM-N-9)は降着
装置付きでした。

☆ノースアメリカン
　X-70 バルキリー
　SM-64ナバホのデザインの
流れをくむアメリカ空軍最速のマッハ3級の
戦略爆撃機で、世界最大の前翼式軍用機です。

○レギュラスⅡの誘導システム……浮上中の
　　　　　　　　潜水艦から発射された後は、
　　　　　　　潜望鏡深度に潜して無線
　　　　　　で誘導し、電波が届かなくな
　　　　　ったら航空機用のロラン電波
　　　　と自動操縦装置で目棟に突入
　　　するという方式です。

☆ロックウェル XFV-12
　本機はロックウェル社製作
とはいいながら、開発費を低
く押さえるために、機首からキャノピー回りと
降着装置はマクダネル・ダグラス社のA-4スカイ
ホークから、空気取入れ口から胴体にかけても同社
のF-4ファントムからの流用部品から構成されています。

○オーギュメンター・ウイング構想……エンジンの排
　気を主翼に導き、各翼に設けられたフラップか
　ら下方に噴射すると、周囲の空気は誘
　導されて流量を増すことができる。
　したがって浮力は増大
　します。

☆グラマン X-29A
　2機製作された超音速前翼式前進
翼機の技術実証の研究機です。1981
年に開発が始まり、1号機の初飛行は
1984年12月でした。本機も他社の既
存機からの部品流用機で、操縦席から前方は前脚を含
めノースロップF-5からと、F-16からは主脚という具合
であります。前進翼機の高機動性能や高迎え角時の飛行特性などの飛行試験を行なた

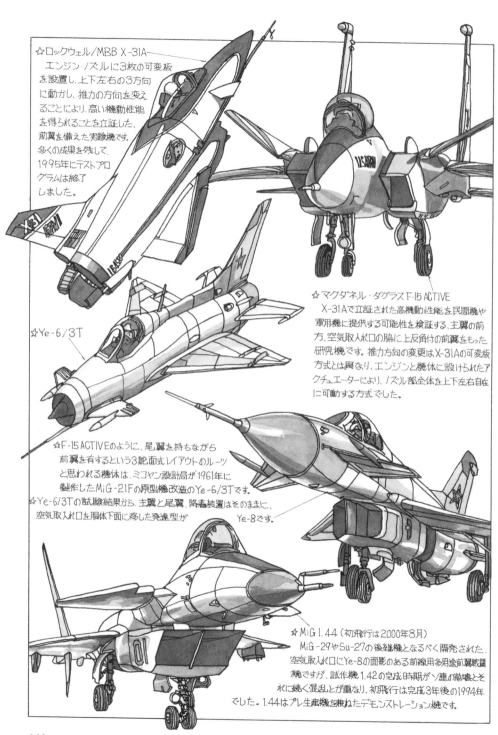

☆ロックウェル/MBB X-31A
　エンジン・ノズルに3枚の可変板
を設置し、上下左右の3方向
に動かし、推力の方向を変え
ることにより、高い機動性能
を得られることを立証した、
前翼を備えた実験機です。
多くの成果を残して、
1995年にテストプロ
グラムは終了
しました。

☆マクダネル・ダグラス F-15 ACTIVE
　X-31Aで立証された高機動性能を民間機や
軍用機に提供する可能性を検証する、主翼の前
方、空気取入れ口の脇に上反角付の前翼をもった
研究機です。推力方向の変更は、X-31Aの可変板
方式とは異なり、エンジンと機体に設けられたア
クチュエーターにより、ノズル部全体を上下左右自在
に可動する方式でした。

☆Ye-6/3T

☆F-15 ACTIVEのように、尾翼を持ちながら
　前翼を有するという3舵面式レイアウトのルーツ
　と思われる機体は、ミコヤン設計局が1961年に
　製作したMiG-21Fの原型機改造のYe-6/3Tです。
☆Ye-6/3Tの試験結果から、主翼と尾翼、降着装置はそのままに、
　空気取入れ口を胴体下面に移した発達型が
　　　　　　　　　　　　　　　　　　　　　　　Ye-8です。

☆ MiG 1.44 (初飛行は2000年8月)
　MiG-29やSu-27の後継機となるべく開発された、
空気取入れ口にYe-8の面影のある前線用多用途前翼戦闘
機ですが、試作機 1.42の完成時期がソ連の崩壊とそ
れに続く混乱とが重なり、初飛行は完成3年後の1994年
でした。1.44はプレ生産機を兼ねたデモンストレーション機です。

☆スホーイSu-47ベルクート
　アメリカの前進翼研究機X-29と異なり、こちらは機関砲や
ウェポンベイまで装備した実用機を
目指したデモンストレーターのようです。
ロシアでは前翼と前進翼の主翼、水平尾
翼と、3舵を並べた機体を『トリプラン
(三葉機)』と呼ぶそうですが
串型翼機の変種のように見え
ます。因に本機は流用なしの
オリジナルのようです。
初飛行は1997年でした。

☆ジェネラルダイナミックスF-16
　　　CCV(操縦性優先形状機)
　F-16Aの全規模開発型(FSD)1号機を改
造した発展的戦闘技術統合(AFTI)機で、
CCV技術と新しい火器管制装置(FCS)をシステムとして
統合し、さらに他の新システムとも合わせ、可能な
限りの自動化を計るのが目的の
研究機です。胸ビレ型前翼付
の3舵面式の機体です。

☆三菱T-2CCV
　T-2の原型3号機を改造し、1983年8月に初
飛行したCCV研究機です。空気取入れ口の横に
前翼と胴体下面に胸ビレ型翼を装備して、フライ・
バイ・ワイヤシステムのデータ収集などを行
なった、わが国初の3舵面式の機体
です。

☆FS-X(ジェネラルダイナミックスF-16改)
　F-1に続く次期支援戦闘FS-Xの
当初案では、F-16CCVのように
2枚の胸ビレ型前翼を装
着する計画でした。
　FS-Xのフライ・バイ・ワイヤ(FBW)操縦システムは、
F-16のFBWソースコード提供がアメリカ側に拒否された
ため、T-2CCVのテストデータをもとに、わが国が独自に開発したものです。

前翼機と串型翼機……❺

リピッシュ・デルタⅣ～スケールドコンポジット 281 プロテウス

　最新のヨーロッパ製戦闘機、フランスのダッソー・ラファルやスウェーデンのサーブ JAS39 グリペン、国際共同開発のユーロファイター・タイフーンは前翼を持ったデルタ翼機であります。

　主翼の前方に近接して小さな翼を設ける方式の狙いは、その前翼翼端から発生する渦を大迎え角飛行時の主翼の剝離渦に干渉させ、主翼上面の空気を安定させることで大きな揚力を得ることであります。

　ふたつの翼は空気力学的には同じ流れの場にあることから、先尾翼ともいわれた従来の前翼機と期待される働きが異なるため、複合デルタ翼と呼ばれています。この複合デルタ翼という形態を最初に採用した機体が、「デルタ翼機の祖」ドイツのリピッシュ博士が 1932 年に開発したリピッシュ・デルタⅣであります。

　また、最初の複合デルタ翼ジェット機は、1955 年に初飛行したフランスのノール 1500 グリフォンです。本機は後にラムジェット装備のグリフォンⅡに発展し、1959 年には 100km の周回コースで 1,638km/h の世界速度記録を樹立しました。

　最初に実用化された複合デルタ翼ジェット戦闘機は、1967 年に初飛行したスウェーデンのサーブ 37 ビゲンです。続いて 1970 代半ば過ぎには同形態のミラージュ 4000 や 2000、イスラエルのミラージュⅢの系 IAI クフィルなどが進空しています。

　この時代、1977 年に前翼機が前代未聞の記録を樹立しました。ポール・マクレディ博士らが製作した人力飛行機「ゴッサマー・コンドル（ぺなぺなのコンドル）」号の 8 の字飛行の成功によるクレマー賞の獲得であります。

　この 2 年前の 1975 年にバート・ルタンの発表した「ベリー・イージー」は、前翼形式のホームビルド機でベストセラーとなりました。その後バート・ルタンは自作の前翼機「ボイジャー」で世界初の無給油・無着陸世界一周に 1986 年に成功し、1998 年には高高度多用途機、串形翼機のスケールドコンポジット 281 プロテウスを進空させています。

　近年、前翼機や串形翼機という最古の飛行機の形態が再び注目されているようです。「温故知新」……。

☆リピッシュ・デルタⅣ
『デルタ翼機の祖』ドイツのリピッシュ
博士が1932年に開発した世界最初の
複合デルタ翼機です。75馬力発動機2基を
串型に配置した双発複座機で、主翼は上方
に折りたたむことができました。

☆ノール1500グリフォンⅡ
前縁後退角60°のデルタ翼と小さな前翼とを
もった複合デルタ翼のターボ/ラムジェット
の複合動力機です。

☆サーブ37ビゲン（タイトル・イラスト）
1967年2月8日に初飛行に成功した
世界初の実用複合デルタ翼の軍用機で、攻
撃型のAJ37、偵察型のSF37、哨戒攻撃型SH
37、複座練習型のSK37があります。

☆IAI クフィルC2
イスラエルが不正入手した
設計図面で国産化したミラー
ジュⅤ戦闘機の発達型で、
発動機がアメリカのJ-79となった、いわゆる
ハイブリット戦闘機です。垂直尾翼の基部にはアフターバーナーと
ノズル冷却用の2次空気取入口が増設されています。
もちろん本機も複合デルタ
翼機であります。

☆アトラス・チータ
南アフリカが保有していたミラージュⅢ
BZをイスラエルのクフィルの改造キットを
利用して完成させた複合デルタ翼機です
ロール・アウトは1986年7月16日でした。

☆ミラージュⅢS
スイス空軍では保有するミラージュⅢSを
ダッソ-ブレゲー社の純正改造キットを使用
して複合デルタ翼機に近代化しました。

☆ダッソー・ラファルM
　デモンストレーターのラファルAの初
　飛行は1986年でした。1991年と19
　93年に実質的な試作機の単座型のラ
　ファルCと複座型のラファルBがそれぞれ進
　空しました。ラファルMは世界初の複合デルタ
　翼艦上戦闘機です。

☆サーブJAS39グリペン
　世界初の実用複合デルタ翼機サーブ37ビゲンの後継機。
　ビゲンのように任務別に各型を開発するのではなく、装備
　品の交換などの任務につけようになっています。
　したがって形式名称はJAS39となりました。
　機体自体が戦闘、攻撃、偵察に対応
　できます。 本機はもちろんスウェーデン
　伝統の複合デルタ翼機です。

☆ユーロファイター(2000)タイフーン
　初飛行は1994年3月27日。1997年
　には、イギリスが232機、ドイツが180機、
　イタリアが121機、スペインが87機とする
　量産契約が締結された国際協同
　開発の複合デルタ機です。

☆スホーイSu-34フランカー
　スホーイSu-27フランカーから
　発達した戦闘爆撃機で、前翼と
　主翼、水平尾翼とをもったトリプラ
　ン(三翼機)です。

☆ピアッジオP.180アバンティ
　1986年9月23日に初飛行に成功した9座席の
　客室をもった三翼のターボプロップ双発ビジネス機
　で、売り物はビジネス・ジェット機に匹敵す
　るという高速性能です。

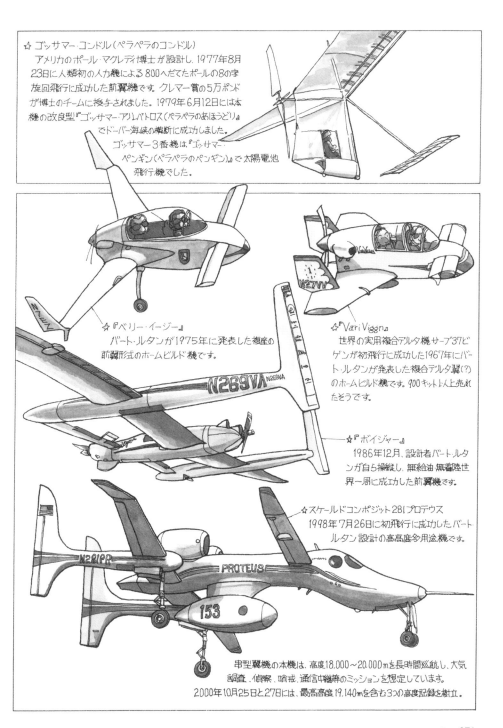

☆ ゴッサマー・コンドル（ペラペラのコンドル）
　アメリカのポール・マクレディ博士が設計し、1977年8月
23日に人類初の人力機による800ヘだてたポールの8の字
旋回飛行に成功した前翼機です。クレマー賞の5万ポンド
が博士のチームに授与されました。1979年6月12日には本
機の改良型『ゴッサマー・アルバトロス（ペラペラのあほうどり』
でドーバー海峡の横断に成功しました。
　　　　　ゴッサマー3番機は『ゴッサマー・
　　　　　ペンギン（ペラペラのペンギン）』で太陽電池
　　　　　飛行機でした。

☆『ベリー・イージー』
　バート・ルタンが1975年に発表した複座の
前翼形式のホームビルド機です。

☆『VariViggn』
　世界の実用複合デルタ機サーブ37ビ
ゲンが初飛行に成功した1967年にバー
ト・ルタンが発表した複合デルタ翼(?)
のホームビルド機です。900キット以上売れ
たそうです。

☆『ボイジャー』
　1986年12月、設計者バート・ルタ
ンが自ら操縦し、無給油・無着陸世
界一周に成功した前翼機です。

☆スケールドコンポジット281プロテウス
　1998年7月26日に初飛行に成功したバート・
ルタン設計の高高度多用途機です。

串型翼機の本機は、高度18,000～20,000mを長時間巡航し、大気
調査、偵察、哨戒、通信中継等のミッションを想定しています。
2000年10月25日と27日には、最高高度19,140mを含む3つの高度記録を樹立。

草創期の英ジェット戦闘機……❶

グロスター・ミーティア

　世界で最初に実戦参加したジェット機は、イギリス空軍初のジェット戦闘機であるグロスター・ミーティア（流星）Ⅰです。

　ミーティアはバトル・オブ・ブリテンの最中の1940年8月に航空省とグロスター社とが協議の上で作成された実用迎撃機の仕様書 F.9/40 に基づき、原型機8機が製作され、最初の量産型が20機作られたミーティアⅠです。

　ミーティアの最初の出撃は1944年7月27日、V1号飛行爆弾に対する迎撃でしたが、機関砲のトラブルにより V1 を撃墜することはかなわず、ミーティアの初撃墜は約1週間後の8月4日、マンストンから出撃したディーン中尉機によるものです。

　この時も機関砲のトラブルに見舞われたミーティアⅠを、中尉は V1 と並行して飛行させながら、乗機（EE216）の翼端を V1 に接触させてバランスを崩す戦法で、叩き落としたのであります（タイトル・イラスト）。

　この戦法や銃撃によりミーティアⅠは、終戦までに V1 撃墜13機の戦果を挙げています。

　イギリスにおけるターボ・ジェット機の元祖は、1941年5月15日に初飛行したグロスター E.28/39 試験機で、推力 390kg のパワー・ジェット W.1 を搭載し、最大速度 544km/4570m を記録しました。

　パワー・ジェット社はフランク・ホイットルが航空機用ターボジェット・エンジンの開発のために1935年に設立した会社です。1937年4月、ホイットルは最初の試験用エンジンUタイプのベンチテストを行ない、航空機用ガスタービン・エンジンの運転に世界で最初に成功しました。

　この成功で、翌年3月には航空省と飛行試験用改良型エンジンの開発契約が結ばれ、グロスター E.28/39 試験機の W.1 エンジンが誕生しました。

　ミーティアの最初の量産型であるⅠ型の搭載エンジンは、ホイットル W.2B/23 をロールス・ロイス社でウェランド名で生産された推力 765kg のエンジンです。

　ミーティアは12年間にわたりライセンス生産をふくめ各型合計 3500 機以上作られ、使用国は10ヵ国以上というベストセラー機となりました。

☆世界で最初に運転(ベンチ
　テスト)に成功した航空機用力
　スタービンエンジン、試験
　用エンジンＵタイプ。

☆グロスターＥ.28/39試験機
　イギリス最初のターボジェット機で、
　2機(Ｗ4041/Ｇ. Ｗ4046/Ｇ)製作
　されました。全幅:8.8ｍ、全長:7.6ｍ。
　1号機のＷ4041/Ｇは、1946年
　4月からロンドンの科学
　博物館に展示され
　ています。

☆ターボジェットエンジンの
　発明者 フランク・ホイット
　ル(1907-1997)

☆グロスター・ミーティア Ｆ.Ⅰ
　原型機の初飛行はデハビラ
　ンド・コブリンの前身のハーフォ
　ード Ｈ1(推力675ｋｇ)2基を
　装備した第5号(原型機は
　8機作られました)で、
　1943年5月5日の
　ことでした。

☆ミーティアの最初の量産型
　が Ｆ.Ⅰ です。全幅:13.1ｍ、
　全長:12.59ｍ、最大速度:
　656km/h(高度9,000ｍ)、
　武装:20mm×4。

☆Ｖ1号飛行爆弾はジャイロを姿勢基準と
　する自動操縦装置で飛行するため、姿勢を
　大きく変えられるとジャイロが乱調となり、操
　縦不能となって転覆、墜落してしまう弱点が
　ありました。

パルスジェットエンジン
(推力240ｋｇ47サイクル)

弾頭(重量850ｋｇ)

マスター・ジャイロ

Ｖ1号飛行爆弾

☆ミーティアＦ.Ⅲは燃料容量が増加され、キャ
　ノピが後方スライド式になったほかは、Ｆ.Ⅰと
　ほとんど同じです。1944年末には第616
　飛行隊に配属され、翌年1月にヨーロッパ大
　陸に渡りましたが『トラの子』のジェット戦闘機
　の任務は地上攻撃や武装偵察でした。

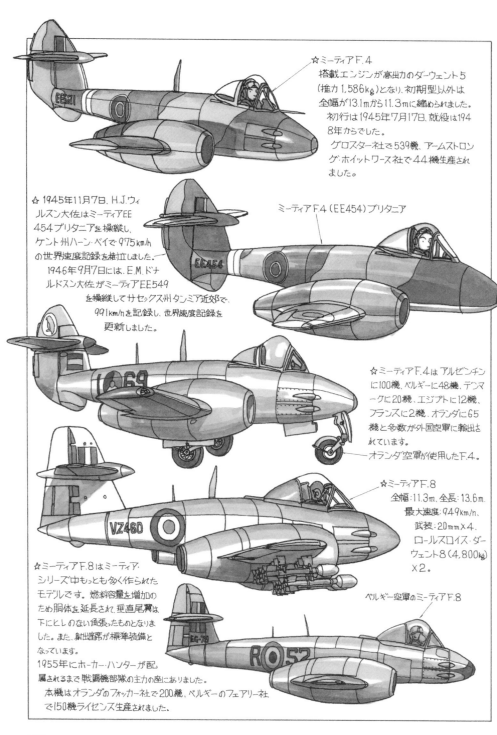

☆ミーティアF.4
搭載エンジンが高出力のダーウェント5
(推力1,586kg)となり、初期型以外は
全幅が13.1mから11.3mに縮められました。
初行は1945年7月17日、就役は194
8年からでした。
グロスター社で539機、アームストロン
グ・ホイットワース社で44機生産され
ました。

☆ 1945年11月7日、H.J.ウィ
ルスン大佐はミーティアEE
454 ブリタニアを操縦し、
ケント州ハーン・ベイで975km/h
の世界速度記録を樹立しました。
1946年9月7日には、E.M.ドナ
ルドスン大佐がミーティアEE549
を操縦してサセックス州タンミア近郊で、
991km/hを記録し、世界速度記録を
更新しました。

ミーティアF.4 (EE454) ブリタニア

☆ミーティアF.4は アルゼンチン
に100機、ベルギーに48機、デンマーク
に20機、エジプトに12機、
フランスに2機、オランダに65
機と多数が外国空軍に輸出さ
れています。
オランダ空軍が使用したF.4。

☆ミーティアF.8
全幅:11.3m、全長:13.6m.
最大速度:949km/h.
武装:20mm×4.
ロールスロイス・ダー
ウェント8(4,800kg)
×2。

☆ミーティアF.8はミーティア・
シリーズ中もっとも多く作られた
モデルです。燃料容量を増加の
ため胴体を延長され、垂直尾翼は
下にヒレのない角張ったものとなりま
した。また、射出座席が標準装備と
なっています。
1955年にホーカー・ハンターが配
属されるまで戦闘機部隊の主力の座にありました。
本機はオランダのフォッカー社で200機、ベルギーのフェアリー社
で150機ライセンス生産されました。

ベルギー空軍のミーティアF.8

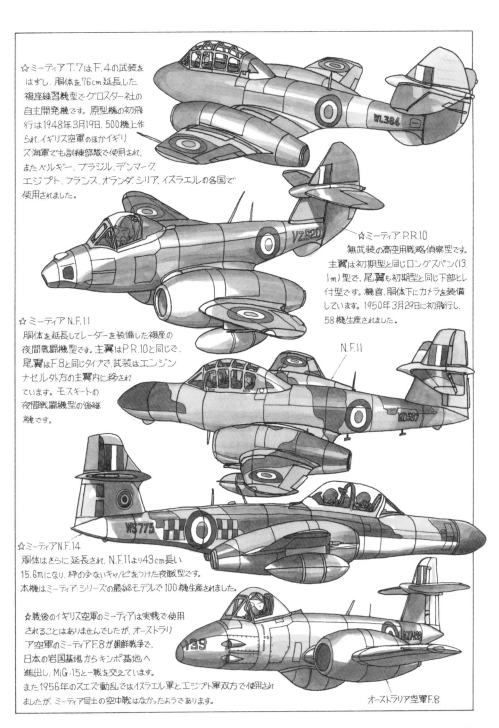

☆ミーティアT.7はF.4の武装を
はずし、胴体を76cm延長した
複座練習機型でグロスター社の
自主開発機です。原型機の初飛
行は1948年3月19日、500機以上作
られ、イギリス空軍のほかイギリ
ス海軍でも訓練部隊で使用され、
またベルギー、ブラジル、デンマーク、
エジプト、フランス、オランダ、シリア、イスラエルの各国で
使用されました。

WL364

VZ620

☆ミーティアP.R.10
無武装の高空用戦略偵察型です。
主翼は初期型と同じロングスパン(13.
1m)型で、尾翼は初期型と同じ下部ヒレ
付型です。機首、胴体下にカメラを装備
しています。1950年3月29日に初飛行し、
58機生産されました。

☆ミーティアN.F.11
胴体を延長してレーダーを装備した複座の
夜間戦闘機型です。主翼はP.R.10と同じで、
尾翼はF.8と同じタイプで、武装はエンジン
ナセル外方の主翼内に移され
ています。モスキートの
夜間戦闘機型の後継
機です。

N.F.11

WD587

WS775

☆ミーティアN.F.14
胴体はさらに延長され、N.F.11より43cm長い
15.6mになり、枠の少ないキャノピを付けた夜戦型です。
本機はミーティア・シリーズの最終モデルで100機生産されました。

☆戦後のイギリス空軍のミーティアは実戦に使用
されることはありませんでしたが、オーストラリ
ア空軍のミーティアF.8が朝鮮戦争で、
日本の岩国基地からキンポ基地へ
進出し、MiG-15と一戦を交えています。
また1956年のスエズ動乱ではイスラエル軍とエジプト軍双方で使用され
ましたが、ミーティア同士の空中戦はなかったようであります。

139

オーストラリア空軍F.8

草創期の英ジェット戦闘機……❷

デハビランド・バンパイア～スーパーマリン・アタッカー

　デハビランド・バンパイア（吸血鬼）はミーティアと共に戦後のイギリス空軍の中核をになった戦闘機であります。

　バンパイアはミーティアに続き、1941年に提示されたE6/41仕様に基づいて開発され、1943年9月にゴブリン（小鬼）1エンジンを装備して初飛行に成功、イギリス初の単発ジェット戦闘機として制式採用されましたが、最初の生産型である迎撃戦闘機型バンパイアF.1の部隊への配属は1946年となり、大戦には間に合いませんでした。

　続く生産モデルが1946年11月4日に進空した航続性能を向上させたF.3迎撃戦闘機です。

　バンパイア・シリーズ中もっとも多く作られたのが、1948年に初飛行した、戦闘爆撃型のF.B.5で、フランスのシュド・エスト社でもノックダウンで67機を、ライセンス生産で183機を製作し、フランス空軍では「ミストレル」の名称で使用しました。

　1951年5月12日、アメリカのスピード・クイーンであるジャクリーヌ・コクランのライバル、フランス大統領令息夫人のジャクリーヌ・オリオールが樹立した100kmのコースでの平均829km/hの婦人世界速度記録は「ミストレル」を操縦してのものであります。

　バンパイアN.F.10は機首にレーダーを装備した並列複座の夜間戦闘機型です。本機のレーダー等を取り除いて作られたのがT.11練習機で、その輸出モデルT.55を航空自衛隊では練習機開発の参考に1機輸入しています。

　バンパイアには海軍型も開発されています。シーバンパイアと呼ばれるF.20です。バンパイアは1945年12月3日、着艦フック取り付け等の改造が施された原型2号機が、コロッサス級空母「オーシャン」においてイギリスのジェット機として、最初の離着艦テストに成功しています。

　しかしシーバンパイアは加速性能が悪かったため訓練用となり、イギリス海軍初の制式ジェット戦闘機として採用されたのが、名戦闘機スピットファイアを送り出したスーパーマリン社初のジェット戦闘機であり、ロールスロイス・ニーンを最初に装備した機体でもある「アタッカー」であります。

☆デハビランドD.H.100バンパイア原型機
　デハビランド社初のジェット機であるD.H.100は、自社製ゴブリン1エンジンを短い胴体の尾部に搭載し、推力パイプの短縮により推力の損失軽減を計った双ビーム形式が採用されています。本機は全金属製でありながら、操縦席部はモスキートの伝統(?)を生かした木製構造でした。因に、デハビランド社の最初の機体D.H.1も双ビーム形式でありました。

☆バンパイアF.1
　機首下面に20mm機関砲4門装備した最初の生産型です。イングリッシュ・エレクトリック社で254機生産され、最初の40機はゴブリン1を装備し、以降はゴブリン2装備型で、51号機以降は与圧キャビンとなりました。垂直尾翼は原型の先のとがった三角形から角張った形になっています。

タイトル・イラスト〈バンパイアF.1〉

☆バンパイアF.1(TG278)
　両翼を各1.2m延長し、エンジンはゴースト2/2に換装され、風防も特殊なものに改められた高高度テスト機です。1948年3月23日にジョン・カニンガムの操縦により、18,115mの世界高度記録を樹立しています。

☆バンパイアF.3
　大西洋横断飛行をした最初のイギリス・ジェット機の栄誉に輝いたのは航続性能が向上した本機であります。1948年7月、第54飛行隊の6機のF.3がアイスランド、グリーンランド、ラブランドで給油を受けて、イギリスからアメリカに渡りました。垂直尾翼の形は原型機と同じ形に……。装備エンジンはゴブリン2です。

『ミストレル』

☆バンパイアF.B.5
　主翼が切り詰められ全幅が11.6mとなった戦闘爆撃型で、バンパイア・シリーズ中もっとも多く作られたモデルです。主翼下のパイロンには900kgの爆弾かロケット弾が搭載できました。マラヤのテロ団攻撃に使用された本機は、イギリス極東部隊に配備された最初のジェット機です。
装備エンジンはゴブリン2で、その熱帯地型がF.B.9です。本機は1954年にケニアで起こったマウマウ団の暴動に対して出撃し、その鎮圧に活躍しています。F.B.5はフランスのシュド・エスト社で『ミストレル』の名称でライセンス生産されました。

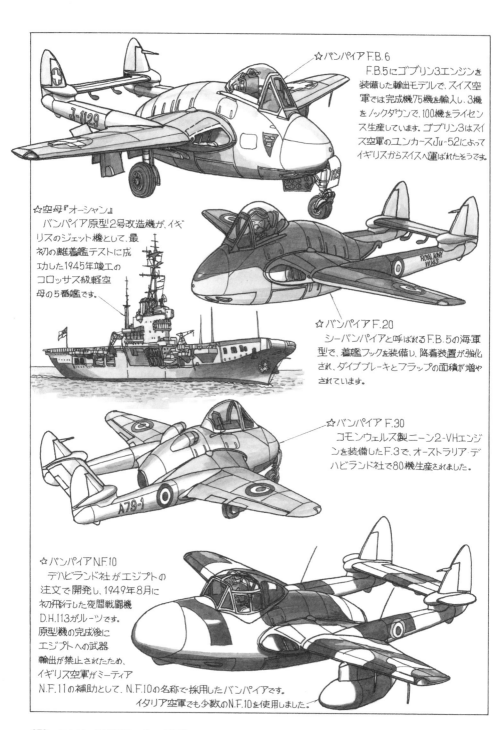

☆バンパイアF.B.6
　F.B.5にゴブリン3エンジンを
装備した輸出モデルで、スイス空
軍では完成機75機を輸入し、3機
をノックダウンで、100機をライセン
ス生産しています。ゴブリン3はスイ
ス空軍のユンカースJu-52によって
イギリスからスイスへ運ばれたそうです。

☆空母『オーシャン』
　バンパイア原型2号改造機が、イギ
リスのジェット機として、最
初の離着艦テストに成
功した1945年竣工の
コロッサス級軽空
母の5番艦です。

☆バンパイアF.20
　シーバンパイアと呼ばれるF.B.5の海軍
型で、着艦フックを装備し、降着装置が強化
され、ダイブブレーキとフラップの面積が増や
されています。

☆バンパイアF.30
　コモンウェルズ製ニーン2-VHエンジ
ンを装備したF.3で、オーストラリア・デ
ハビランド社で80機生産されました。

☆バンパイアN.F.10
　デハビランド社がエジプトの
注文で開発し、1949年8月に
初飛行した夜間戦闘機
D.H.113がルーツです。
原型機の完成後に
エジプトへの武器
輸出が禁止されたため、
イギリス空軍がミーティア
N.F.11の補助として、N.F.10の名称で採用したバンパイアです。
イタリア空軍でも少数のN.F.10を使用しました。

☆バンパイアT.11／T.55
　航空自衛隊が1956年1月に次期ジェット練習機の参考に購入したT.55は現在、浜松の航空自衛隊広報館に展示されています。バンパイア・シリーズは外国でのライセンス生産を含めて3,500機以上作られました。

☆スーパーマリン・アタッカーF.1（1号機）
　空軍仕様E.10/44に基づいて開発されました。アタッカーの原型機（TS409）はスピットファイアの後継機スパイトフルの層流翼主翼を使用し、ロールスロイス・ニーンエンジンを搭載して1946年7月26日に初飛行しました。

☆スーパーマリン・スパイトフル
　最大速度779.7km/hというレシプロ戦闘機の極限に近い高速戦闘機でしたが、時代はすでにジェット機時代が到来していたため、生産数は22機の少数で終了しました。

☆スーパーマリン・アタッカーF.B.1
　60機発注されたF.1の内の最後の8機は海軍からの追加任務、地上攻撃に答えた戦闘爆撃型のF.B.1となり、続いてエンジンをニーン102に換えて、補助翼、風防を改良したF.B.2が87機生産されました。アタッカーは最初にして最後の尾輪式降着装置をもったターボジェット艦上戦闘機であります。

アタッカーF.B.1

アタッカーF.B.2

☆ 1946年、戦後の食料に困窮した、時のイギリス労働党政府は、『背に腹は代えられぬ』と、穀物の安価な提供と引き換えに虎の子のロールスロイス・ニーン・エンジンのライセンス生産の権利をソ連に渡してしまいました。その結果が、ニーン・エンジンを搭載したMiG-15による朝鮮戦争での大損害でした。

草創期の英ジェット戦闘機……❸

デハビランド・ベノム／シーベノム～ソーンダース・ロー SR.A1

　最初のジェット戦闘機同士による本格的な空中戦は朝鮮戦争でした。この戦争でイギリス・ジェット戦闘機の活躍する場はありませんでしたが、イギリス製ジェット・エンジンのニーンは MiG-15 に搭載され、その実力を遺憾なく発揮したのであります。朝鮮戦争の休戦合意から3年後の1956年10月、エジプトのナセルによるスエズ運河国有化宣言が引き金となり、スエズ動乱とも呼ばれる第二次中東戦争が勃発しました。

　スエズ運河に特別な利害関係を持っていたイギリスとフランスは連合軍を編成し、スエズ地区に進軍しました。この戦いで地上軍を支援したイギリス戦闘爆撃機の主力が、キプロス駐留の空軍のベノム4コ飛行隊と、3隻の航空母艦に配属されていた5コ飛行隊のベノムの海軍型シーベノムであります。

　デハビランド D.H.112 ベノムはバンパイアの後継機として開発された機体で、当初はバンパイア F.B.8 と呼ばれ、原型は1949年9月に完成しました。

　ベノムはバンパイアと良く似ています。胴体はほとんど同じですが、ベノムではバンパイアの先細翼から、前縁だけに浅い後退角をもち後縁を直線とした再設計の主翼が採用されました。また、増槽は誘導抵抗を減らすために翼端に移され、ベノムは増槽を翼端に装備した最初のイギリス機となりました。単座型のバンパイアから並列複座の夜戦型が生まれたようにベノムでも並列複座の夜戦型 N.F.2 が開発されています。この N.F.2 の海軍型が F.A.W.20 シーベノムであります。

　スエズ動乱ではエジプト軍兵力の3分の2以上に当たる約260機を地上攻撃で撃破する戦果をあげたイギリス軍ですが、ベノム3機とシーホーク2機、それに2機のウェストランド・ワイバーン S.4 を失いました。

　このベノム／シーベノムの戦友ワイバーンは、海軍の N.11/44 仕様に基づいて開発された、ターボプロップ・エンジンを世界で最初に装備した艦載機で、ウェストランド社最後の固定翼機です。また、ソーンダース・ロー SR.A1 はワイバーンと／44仕様同期のジェット水上戦闘機という変わり種であります。

☆デハビランド D.H.112
　2機製作されたベノムの原型です。当初の呼称はバンパイアF.B.8でした。1949年5月に完成し、同年9月2日初飛行に成功しました。フェリー時にはイギリス機初の翼端増槽の他に主翼下に450ℓ増槽2コを取り付けができました。垂直尾翼はバンパイアF.3以降の多くのモデルと同じ形ですが、水平尾翼は夜戦型のN.F.10のように、垂直翼の外側まで張り出しています。

☆ベノムF.B.1
　ベノムの最初の量産型です。その呼称F.B.1からわかるように戦闘爆撃型でしたが、上昇率2745m/min. 上昇限度12,000mの上昇力と運動性能を買われて、本来の地上攻撃用ばかりではなく、イギリス本土では→

→防空用の高高度迎撃機として使われました。最大速度は1,030km/h. 武装は機首下面に20mm機関砲4門と主翼下面のパイロンに搭載する爆弾又はロケット弾を910kgでした。この武装はベノム/シーベノム・シリーズの基本となりました。

☆ベノムF.B.50
　ベノムF.B.1の輸出型です。スイス、イラクに輸出され、スイスでは150機をライセンス生産し、最後の24機は武装偵察型で最大速度は920km/hから850km/hに低下しました。

☆ベノムF.B.4
　高マッハ時での操縦性改善のために補助翼を動力操作式に改めたモデルで、垂直尾翼の形状が角形になりました。本機はF.B.1と共にイギリス空軍の主力戦闘爆撃機として広く使用され、第1線部隊を退いたのは1962年の初めでした。

デハビランドG-5-3

☆ベノムN.F.2
　原型はデハビランド社が自主開発したG-5-3です。パイロットとレーダー・オペレーター席が並列複座形式の夜戦型で、1950年8月に完成し、初飛行は同月の22日でした。機首にレーダーを装備したため胴体は太くなり、最大速度はやや低下しましたが、60機製作され、1953年からバンパイアN.F.10に代わって就役しました。スウェーデン向けにN.F.51の名称で62機生産されています。

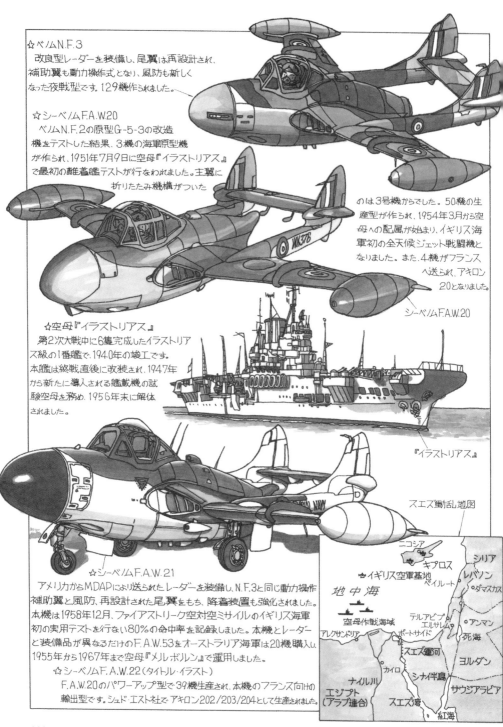

☆ベノムN.F.3
　改良型レーダーを装備し、尾翼は再設計され、補助翼も動力操作式となり、風防も新しくなった夜戦型です。129機作られました。

☆シーベノムF.A.W.20
　ベノムN.F.2の原型G-5-3の改造機をテストした結果、3機の海軍原型機が作られ、1951年7月9日に空母『イラストリアス』で最初の離着艦テストが行なわれました。主翼に折りたたみ機構がついた

のは3号機からでした。50機の生産型が作られ、1954年3月から空母への配属が始まり、イギリス海軍初の全天候ジェット戦闘機となりました。また、4機がフランスへ送られ、アキロン20となりました。

シーベノムF.A.W.20

☆空母『イラストリアス』
　第2次大戦中に6隻完成したイラストリアス級の1番艦で、1940年の竣工です。本艦は終戦直後に改装され、1947年から新たに導入される艦載機の試験空母を務め、1956年末に解体されました。

『イラストリアス』

☆シーベノムF.A.W.21
　アメリカからMDAPにより送られたレーダーを装備し、N.F.3と同じ動力操作補助翼と風防、再設計された尾翼をもち、降着装置も強化されました。本機は1958年12月、ファイアストリーク空対空ミサイルのイギリス海軍初の実用テストを行ない80%の命中率を記録しました。本機とレーダーと装備品が異なるだけのF.A.W.53をオーストラリア海軍は20機購入し、1955年から1967年まで空母『メルボルン』で運用しました。

☆シーベノムF.A.W.22（タイトル・イラスト）
　F.A.W.20のパワーアップ型で39機生産され、本機のフランス向けの輸出型です。シュド・エスト社でアキロン202/203/204として生産されました。

スエズ動乱地図

ニコシア
キプロス
シリア
☆イギリス空軍基地
ベイルート
レバノン
ダマスカス
地中海
テルアビブ
エルサレム
アンマン
空母作戦海域
アレクサンドリア
ポートサイド
死海
スエズ運河
ヨルダン
カイロ
シナイ半島
サウジアラビア
ナイル川
エジプト
（アラブ連合）
スエズ湾
紅海

☆ウェストランド・ワイバーンT.F.1
1944年に提示されたイギリス海軍の長
距離戦闘雷撃機の仕様N.11/44に基づき
開発された液冷H形24気筒のロールスロイス・
イーグルを搭載していました。
初飛行は1946年12月12日でした。

☆ウェストランド・ワイバーンT.F.2
ワイバーンのターボプロップ化仕様、
N.12/45に基づき開発された世界初のター
ボプロップ・エンジンを装備した艦載機で
す。ロールスロイス・クライド装備型とアームスト
ロング・シドレー・パイソン装備型とが比較
検討され、パイソ
ン装備型の量
産が決まりました。
初飛行は1949
年でした。

ワイバーンT.F.2

☆ウェストランド・
ワイバーンS.4(T.F.4)
ワイバーンの量産型
です。第1号機の初
飛行は1951年5月
でしたが、量産型の就役は高速時に於ける
エンジンのコントロール問題の解決に
手間取り、部隊への配属が
始まったのは原型の初飛
行から6年半後の1953年
3月と大幅に遅れました。
1953年、T.F.の名称が
廃止となりS.4と改称
されています。
最大速度631km/h、
武装は20mm×4、魚
雷×1または450kg爆
弾×3またはロケット弾
×16です。

ワイバーンS.4

☆ソーンダース・ロ-SR.A1
イギリス空軍が1944年に提示した
E.6/44仕様によって⌐

ソーンダース社が開発し
た湖や潟から作戦する対
日戦用の飛行艇形式のジ
ェット戦闘機です。
操縦席は与圧式で機
首上面に20mm機関
砲を4門装備しています。
しかし、完成時にはこのような水
上戦闘機の働き場所は無く
り、最高速度830km/hと最大水
平速度が500マイル/時(805
km/h)を越した世界で最初の飛行艇
という記録を残し、3機の原型試作で開発は打ち切りに。

大戦間の米陸軍爆撃機……❶

デハビランド D.H.4 ～マーチン MB-2

アメリカ陸軍航空隊は、1918 年 11 月 11 日の第一次世界大戦終結時、遠征軍用として 3538 機、国内軍に 4865 機の軍用機を保有していました。なかでも、「アメリカン D.H.4」こと、リバティ・エンジン装備のデハビランド D.H.4 昼間爆撃機は、終戦までに計 3431 機が完成し、1213 機が西部戦線に送られ、そのうちの 612 機がアメリカに帰還できました。

本機の生産は改良型 D.H.4B をふくめ 1919 年まで続けられ、その総数は、イギリス本国生産の 1440 機の 3 倍以上の 4846 機でありました。また、1538 機の D.H.4 が 1926 年まで改造され、D.H.4B に生まれ変わっています。1923 ～ 4 年にかけては、胴体を木製構造から鋼管構造に近代化した M シリーズが、ボーイングとアトランチック航空機とで計 324 機が追加生産されています。

「アメリカン D.H.4」は観測・爆撃の部隊で 1928 年まで、訓練部隊や通信部隊では 1932 年まで、後期高齢機となっても現役を務め、民間にも多くの機体が払い下げられ、郵便飛行などで活躍した長命機でありました。

本機と同様に 1928 年まで現役を張っていたのが、アメリカ陸軍最初の爆撃機といわれるマーチン MB シリーズであります。

ウィリアム・ミッチェル准将指揮のもと、1921 年 7 月 13 ～ 21 日に行なわれた、バージニア岬沖での爆撃実験は本機の晴れ舞台でした。実験でマーチン MB-2 爆撃機編隊は旧ドイツ戦艦「オストフリースラント」（2 万 2800t）をみごと撃沈し、海上兵力に対する航空兵力の優位を具現する成果をあげました。しかし、祝杯を上げることはできませんでした。なぜならば、アメリカでは前年の 1 月 16 日深夜から禁酒法が施行されていたからであります。

1923 年まで続けられた爆撃実験の結果、「戦艦は爆撃に対して無力である」との持論を展開する指揮官ミッチェルのボルテージは上がり、一方のワシントン会議で主力艦保有比率を米 5・英 5・日 3 と取り決めたばかりの海軍首脳部も黙っていません。論争はヒートアップし、結論は軍法会議の場と最悪の展開となりました。

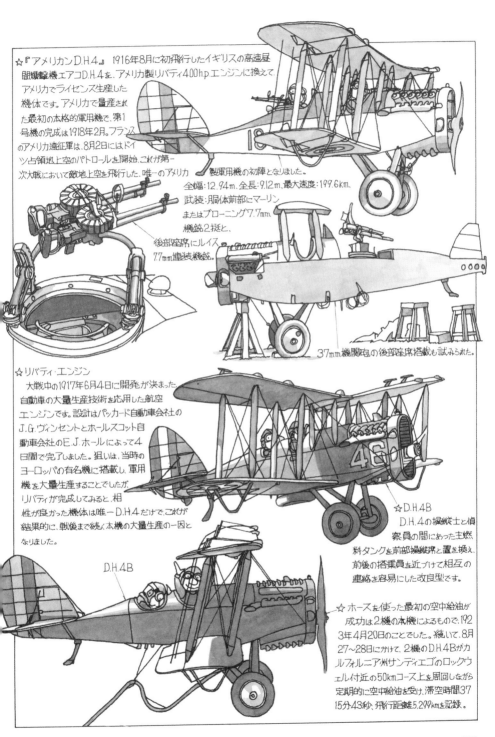

☆『アメリカンD.H.4』 1916年8月に初飛行したイギリスの高速昼間爆撃機エアコD.H.4を、アメリカ製リバティ400h.p.エンジンに換えて、アメリカでライセンス生産した機体です。アメリカで量産された最初の本格的軍用機で、第1号機の完成は1918年2月。フランスのアメリカ遠征軍は、8月2日にはドイツ占領地上空のパトロールを開始、これが第一次大戦において敵地上空を飛行した、唯一のアメリカ製軍用機の初陣となりました。

全幅:12.94m、全長:9.12m、最大速度:199.6km、
武装:胴体前部にマーリン
またはブローニング7.7mm
機銃2挺と、
後部座席にルイス
77mm連装機銃。

37mm機関砲の後部座席搭載も試みられた。

☆リバティ・エンジン
　大戦中の1917年6月4日に開発が決まった、自動車の大量生産技術を応用した航空エンジンです。設計はパッカード自動車会社のJ.G.ヴィンセントとホールスコット自動車会社のE.J.ホールによって4日間で完了しました。狙いは、当時のヨーロッパの有名機に搭載し、軍用機を大量生産することでしたが、リバティが完成してみると、相性が良かった機体は唯一D.H.4だけで、これが結果的に、戦後まで続く本機の大量生産の一因となりました。

D.H.4B

☆D.H.4B
　D.H.4の操縦士と偵察員の間にあった主燃料タンクを前部操縦席と置き換え、前後の搭乗員を近づけて相互の連絡を容易にした改良型です。

☆ホースを使った最初の空中給油が成功は2機の本機によるもので、1923年4月20日のことでした。続いて、8月27〜28日にかけて、2機のD.H.4Bがカルフォルニア州サンディエゴのロックウェル付近の50kmコース上を周回しながら定期的に空中給油を受け、滞空時間37時15分43秒、飛行距離5,299kmを記録。

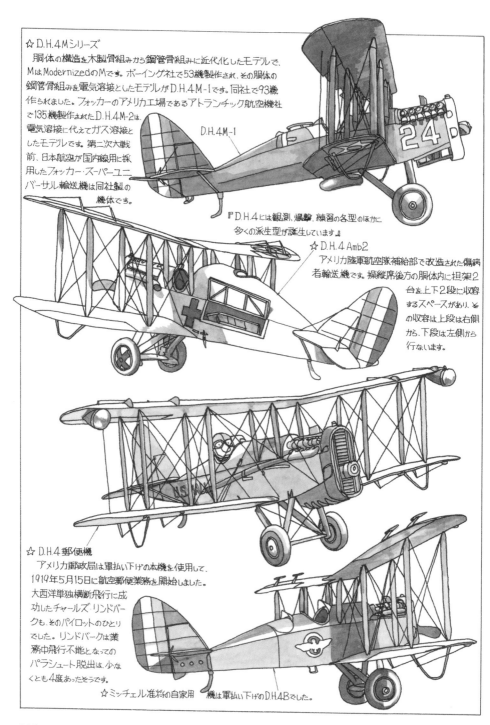

☆D.H.4Mシリーズ
　胴体の構造を木製骨組みから鋼管骨組みに近代化したモデルで、
MはModernizedのMです。ボーイング社で53機製作され、その胴体の
鋼管骨組みを電気溶接としたモデルがD.H.4M-1です。同社で93機
作られました。フォッカーのアメリカ工場であるアトランチック航空機社
で135機製作されたD.H.4M-2は、
電気溶接に代えてガス溶接と
したモデルです。第二次大戦
前、日本航空が国内線用に採
用したフォッカー・スーパーユニ
バーサル輸送機は同社製の
　　　　機体です。

D.H.4M-1

『D.H.4には観測、爆撃、練習の各型のほかに
　　多くの派生型が誕生しています』

☆D.H.4 Amb2
　アメリカ陸軍航空隊補給部で改造された傷病
者輸送機です。操縦席後方の胴体内に担架2
　　　　　　台を上下2段に収容
　　　　　　するスペースがあり、そ
　　　　　　の収容は上段は右側
　　　　　　から、下段は左側から
　　　　　　行ないます。

☆D.H.4郵便機
　アメリカ郵政局は軍払い下げの本機を使用して、
1919年5月15日に航空郵便業務を開始しました。
大西洋単独横断飛行に成
功したチャールズ・リンドバー
クも、そのパイロットのひとり
でした。リンドバークは業
務中飛行不能となっての
パラシュート脱出は、少な
くとも4度あったそうです。

☆ミッチェル准将の自家用　機は軍払い下げのD.H.4Bでした。

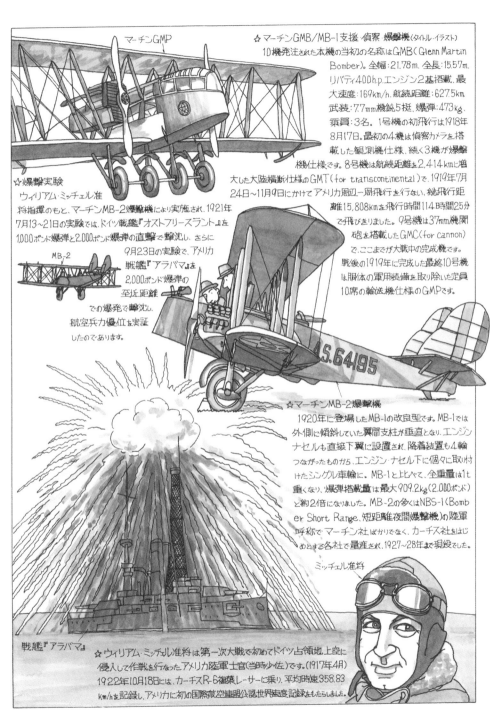

マーチンGMP

☆マーチンGMB/MB-1支援・偵察・爆撃機（タイトル・イラスト）
10機発注された本機の当初の名称はGMB（Glenn Martin Bomber）。全幅：21.78m．全長：15.57m．リバティ400h.p.エンジン2基搭載．最大速度：169km/h．航続距離：627.5km．武装：7.7mm機銃5挺、爆弾：473kg．乗員：3名。1号機の初飛行は1918年8月17日。最初の4機は偵察カメラを搭載した観測機仕様、続く3機が爆撃機仕様です。8号機は航続距離を2,414kmに増大した大陸横断仕様のGMT（for transcontinental）で、1919年7月24日～11月9日にかけてアメリカ周辺一周飛行を行ない、総飛行距離15,808kmを飛行時間114時間25分で飛びきりました。9号機は37mm機関砲を搭載したGMC（for cannon）で、ここまでが大戦中の完成機です。戦後の1919年に完成した最終10号機は胴体の軍用装備を取り除いた定員10席の輸送機仕様のGMPです。

☆爆撃実験
ウィリアム・ミッチェル准将指揮のもと、マーチンMB-2爆撃機により実施され。1921年7月13～21日の実験では、ドイツ戦艦『オストフリースラント』を1,000ポンド爆弾と2,000ポンド爆弾の直撃で撃沈し、さらに9月23日の実験で、アメリカ戦艦『アラバマ』を2,000ポンド爆弾の至近距離での爆発で撃沈し、航空兵力優位を実証したのであります。

MB-2

☆マーチンMB-2爆撃機
1920年に登場したMB-1の改良型です。MB-1では外側に傾斜していた翼間支柱が垂直となり、エンジンナセルも直接下翼に設置され、降着装置も4輪つながったものから、エンジンナセル下に個々に取り付けたシングル車輪に。MB-1と比べて、全重量は1t重くなり、爆弾搭載量は最大909.2kg（2,000ポンド）と約2倍になりました。MB-2の多くはNBS-1（Bomber Short Range、短距離夜間爆撃機）の陸軍呼称で、マーチン社ばかりでなく、カーチス社をはじめとする各社で量産され、1927～28年まで現役でした。

ミッチェル准将

戦艦『アラバマ』

☆ウィリアム・ミッチェル准将は第一次大戦で初めてドイツ占領地上空に侵入して作戦を行なったアメリカ陸軍士官（当時少佐）です。（1917年4月）1922年10月18日には、カーチスR-6複葉レーサーに乗り、平均時速358.83km/hを記録し、アメリカに初の国際航空連盟公認世界速度記録をもたらしました。

大戦間の米陸軍爆撃機……❷

カプロニ Ca.46 ～カーチス B-2 コンドル

　第一次大戦でアメリカが国内生産した軍用機は「アメリカン D.H.4」だけではありません。

　大戦末期の 1918 年に、リバティ・エンジンを搭載したイタリアのカプロニ Ca.46 複葉 3 発重爆撃機のライセンス生産とイギリスのハンドレー・ページ 0／400 複葉双発爆撃機のノックダウン生産に入っています。しかしながら、完成機は大戦の終結にともない、Ca.46 は 3 ないし 5 機、0/400 が 7 ないし 8 機の少数機に留まりました。したがって用意されたリバティ・エンジンは多量の在庫となってしまいました。

　ここでアメリカ陸軍航空隊は備蓄されていたリバティ・エンジンを活用する、4 つの新夜間爆撃機開発計画を立ち上げ、カプロニ Ca.46 似の L.W.F.H-1 アウル（フクロウ）複葉 3 発夜間爆撃機、バーリング XNBL-1 長距離夜間爆撃機、エリアス XNBS-3 短距離夜間爆撃機、カーチス XNBS-4 短距離夜間爆撃機が試作されましたが、どれも制式化までにはいたりませんでした。

　大戦中にフランスに派遣されたアメリカ遠征軍の塹壕戦での驚異のひとつが、低空で塹壕内を偵察する、5 ミリの装甲板で主要部を覆った全金属製ユンカース J-1 複葉近接支援機でした。

　この戦訓を取れ入れ、ミッチェル准将の後押しもあって開発されたのが、重装甲で 37 ミリ機関砲を装備するボーイング GA-1 双発地上攻撃機と同 GA-2 単発地上攻撃機です。GA-1 は 10 機生産されましたが、GA-2 は 2 機の試作で終わり量産はされませんでした。

　1914 年 7 月に信号軍団航空部門としてスタートしたアメリカ陸軍航空隊は、1918 年 5 月に信号軍団から分離、軍用航空局と航空機生産局となりました。戦後の 1920 年 6 月には再編成され、アメリカ陸軍航空隊（Army Air Service）が誕生、さらに 1926 年 7 月には陸軍航空隊は陸軍航空団（Army Air Corps）という新名称になっています。

　陸軍航空団として最初に採用した爆撃機がキーストン LB 爆撃機シリーズと、アメリカ最初の本格的夜間爆撃機のカーチス B-2 コンドル双発複葉爆撃機です。

☆L.W.F.H-1アウル
3発複葉夜間爆撃機

これまでにアメリカ陸軍航空隊のため
に作られた最大の飛行機で、初飛行は19
22年9月14日です。リバティ3発のカプロニ
Ca.46似の複葉双胴機で、テストでは最大速度177km/h、爆弾900kg搭
載して航続距離は1,770kmと、当時としてはなかなかの高性能を
示しましたが、機体のルーツが長距離夜間郵便機であった
ためか、軍用には不適格とされ試作で終りました。

☆バーリングXNBL-1 6発3葉長距離夜間爆撃機
　1923年8月22日に初飛行したアメリカ初の6発
機で、当時最大の陸上機です。6発
機ということで、リバティエンジンの
一気の在庫整理が期待されました
が、航続距離は爆弾なしで540
km、爆弾を積むと275kmという
長距離夜間爆撃機の名に恥ずか
しい性能で、2機の試作で当然の
ごとく開発中止。総開発費35
万ドルがムダとなり『ミッチェルの愚
行』と非難された計画でした。設計は大
戦中にベルリン爆撃用に開発され、191
9年5月の初飛行時に大破し、失敗作と
なったタラント・ティバー6発3
葉巨人爆撃機の設計者、
ウォルター・バーリング
です。

☆エリアスXNBS-3短距離夜間爆撃機
　1924年8月に初飛行。最大速度162.5km/h。航続距離は
爆弾767kg積んで780km、5挺の7.7mm機銃を装備した、リ
バティ2基の4座双発複葉機でしたが、試作で終りました。

☆カーチスXNBS-4短距離夜間爆撃機

　リバティ双発4座機で、
外観はカーチス社でも生産
された、アメリカ初の夜間爆撃
機NBS-1に似ていますが、胴
体は木製骨組みから鋼管溶接
構造に近代化され、機
体も一回り大きくなってい
ます。爆弾907kg積んで
の航続距離は855km。最大速度
160.9km/h。武装は7.7mm機銃5挺です。
制式化は叶いませんでしたが……。

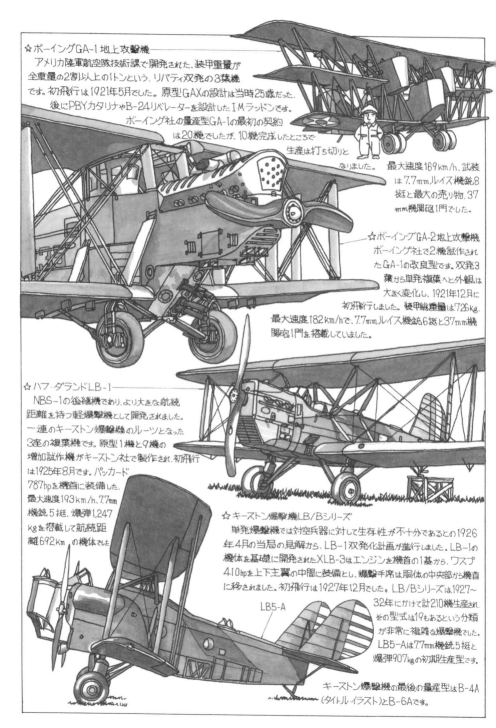

☆ボーイングGA-1 地上攻撃機
アメリカ陸軍航空隊技術課で開発された、装甲重量が全重量の2割以上の1トンという、リバティ双発の3葉機です。初飛行は1921年5月でした。原型GAXの設計は当時25歳だった、後にPBYカタリナやB-24リベレーターを設計したI.M.ラッドンです。

ボーイング社の量産型GA-1の最初の契約は20機でしたが、10機完成したところで生産は打ち切りとなりました。最大速度169km/h、武装は7.7mmルイス機銃8挺と最大の売り物、37mm機関砲1門でした。

☆ボーイングGA-2 地上攻撃機
ボーイング社で2機試作されたGA-1の改良型です。双発3葉から単発複葉へと外観は大きく変化し、1921年12月に初飛行しました。装甲総重量は726kg。最大速度182km/hで、7.7mmルイス機銃6挺と37mm機関砲1門を搭載していました。

☆ハフ・ダランドLB-1
NBS-1の後継機であり、より大きな航続距離を持つ軽爆撃機として開発されました。一連のキーストン爆撃機のルーツとなった3座の複葉機です。原型1機と9機の増加試作機がキーストン社で製作され、初飛行は1925年8月でした。パッカード787hpを機首に装備した。最大速度193km/h、7.7mm機銃5挺、爆弾1,247kgを搭載して航続距離692kmの機体でした

☆キーストン爆撃機LB/Bシリーズ
単発爆撃機では対空兵器に対して生存性が不十分であるとの1926年4月の当局の見解から、LB-1双発化計画が進行しました。LB-1の機体を基礎に開発されたXLB-3はエンジンを機首の1基から、ワスプ410hpを上下主翼の中間に装備とし、爆撃手席は胴体の中央部に機首に移されました。初飛行は1927年12月でした。LB/Bシリーズは1927～32年にかけて計210機生産され、その型式は19もあるという分類が非常に複雑な爆撃機でした。LB5-Aは7.7mm機銃5挺と爆弾907kgの初期生産型です。

LB5-A

キーストン爆撃機の最後の量産型はB-4A（タイトル・イラスト）とB-6Aです。

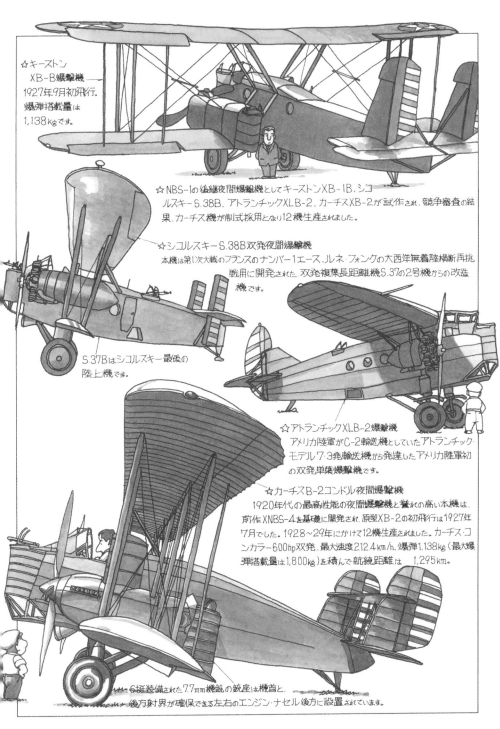

☆キーストン
　XB-B爆撃機
1927年9月初飛行。
爆弾搭載は
1,138kgです。

☆NBS-1の後継夜間爆撃機としてキーストンXB-1B、シコ
　ルスキー S.38B、アトランチックXLB-2、カーチスXB-2が試作され、競争審査の結
　果、カーチス機が制式採用となり12機生産されました。

☆シコルスキー S.38B双発夜間爆撃機
　本機は第1次大戦のフランスのナンバー1エース、ルネ・フォンクの大西洋無着陸横断再挑
　戦用に開発された。双発複葉長距離機S.37の2号機からの改造
　機です。

S.37Bはシコルスキー最後の
　陸上機です。

☆アトランチックXLB-2爆撃機
　アメリカ陸軍がC-2輸送機としていたアトランチック・
　モデル7.3発輸送機から発達したアメリカ陸軍初
　の双発単葉爆撃機です。

☆カーチスB-2コンドル夜間爆撃機
　1920年代の最高性能の夜間爆撃機と誉れの高い本機は、
　前作XNBS-4を基礎に開発され、原型XB-2の初飛行は1927年
　7月でした。1928～29年にかけて12機生産されました。カーチス・コ
　ンカラー600hp双発、最大速度212.4km/h、爆弾1,138kg（最大爆
　弾搭載量は1,800kg）を積んで航続距離は　1,295km。

6挺装備された7.7mm機銃の銃座は機首と、
　後方射界が確保できる左右のエンジン・ナセル後方に設置されています。

大戦間の米陸軍爆撃機……❸

ダグラス XA-2 〜ノースロップ XA-16

　1921 年に初飛行したアメリカ初の対地攻撃機ボーイング GA-1 ／ GA-2 は、ミッチェル准将の肝入りで、第一次大戦でのアメリカ遠征軍の戦訓をてんこ盛りで開発されましたが、結果はまったくもっての失敗作でした。

　当時のアメリカ陸軍単発観測・昼間爆撃機の主力は、リバティ・エンジンを搭載したいわゆる「アメリカン D.H.4」でしたが、1924 年に本機の後継機となる、観測機の競争試作が陸軍当局から示されました。

　この年の 6 月には、アメリカ陸軍機の命名法が、それまでの GA（Ground Attack）-1 のような 2 文字の機種記号と数字の組み合せから、1 文字の機種記号と数字の組み合せに変わりました。この新命名法により、同年の観測機競争試作で制式採用となった「O（Observation）」カテゴリーの機体が、カーチス O-1 とダグラス O-2 で、この両機から「A（Attack）」カテゴリーの攻撃機、カーチス XA-3 とダグラス XA-2 が誕生しました。

　新カテゴリー「A」の、XA-1 は欠番となってい

ます。これは別に縁起をかついだ訳ではなく、まぬけなことにすでに傷病兵輸送機（Ambulance）に付与してしまっていたからであります。

　攻撃機にはカーチス機が A-3 として制式採用され、O-1 シリーズと同じ「ファルコン（隼）」の愛称で、A-3、A-3 B 合計 153 機製作され、アメリカ陸軍最後の複葉攻撃機となりました。

　最初の近代的な全金属製単葉攻撃機の登場は1930 年代に入ってからです。フォッカー XA-7 とカーチス XA-8 の競争試作となり、後者が制式採用されました。A-8 は「シュライク（百舌）」と命名され、A-10、A-12 へと発展し、A-12 の輸出型モデル 60 は、1936 年に 20 機中国へ輸出され、日本軍相手に奮戦しています。

　1930 年代を代表するアメリカ陸軍の「A」カテゴリー機は、ノースロップの設計による XA-13 に始まる機体群であります。XA-13 は全金属製の傑作民間機ノースロップ・ガンマをもとに開発された複座の攻撃機で、ノースロップ初の軍用機となりました。

☆ダグラスO-2観測機
　ダグラス社には1924年に初の世界一周飛行に成功したダグラスDWC（ダグラス世界一周機）という陸軍機の実績がありました。これをふまえて、同年の陸軍観測機競争試作にカーチス機とともに、リバティ搭載型とパッカード搭載型のふたつのモデルで応募し、前者がO-2観測機として制式採用されました。

☆ダグラスXA-2試作攻撃機
　879機製作されたO-2シリーズには68のバリエーションがありました。その中のひとつ、1926年3月に完成したのが、46機目のO-2から改造された試作攻撃機がXA-2です。

☆カーチスO-1ファルコン観測機
　原型は1924年10月8日に初飛行したリバティ搭載のXO-1です。その最初の生産型を10機製作されたカーチスD-12を搭載したO-1で、最大速度は総重量が増加したため、XO-1の247.8km/hから231.7km/hに低下しました。

☆カーチスA-3攻撃機
　45機製作されたO-1シリーズの最初の量産型O-1Bを小改造して、カーチスD-12Dエンジンを搭載した攻撃機で、初飛行は1927年10月31日、21機作られました。武装は機首と主翼に各2挺の7.7mm機銃と後席に7.7mm連装旋回機銃、主翼下面のラックに破片爆弾91kgを搭載。最大速度224.33km/h。

☆カーチスXA-4試作攻撃機
　A-3の量産2号機のエンジンを410hpプラット＆ホイットニー・ワスプ型空冷星型エンジンに換装した機体で、1機だけ製作されました。
　A-5、A-6は計画段階でキャンセルとなったA-3系列の攻撃機でした。

☆フォッカー（アトランチック）XA-7試作攻撃機
　1931年の陸軍の競争試作に応募した。アメリカ陸軍初の全金属製片持低翼単葉攻撃機で、プロペラ回転面の外側の主翼に4挺の7.7mm機銃と後席に1挺の7.7mm旋回機銃を装備。爆弾搭載量は不明ですが、600hpカーチス・コンカラー・エンジンを装備した、最大速度296.1km/hの機体で、ライバルはカーチスXA-8でした。

☆カーチスXA-8シュライク攻撃機
　1931年7月に完成した本機のエンジンはXA-7と同じコンカラーです。XA-8はアメリカ軍の戦闘用機体として最初のスロットとフラップ装備機で、初の密閉式操縦席の機体でした。最大速度316.71km/h。武装は主脚の大型ズボン・スパッツに各2挺の7.7mm機銃と後席の旋回機銃1挺と、13.6kg爆弾10発か55.3kg爆弾4発が搭載できました。シュライクは1931年9月29日にA-8（タイトル・イラスト）として制式採用になりました。

☆カーチスYA-10攻撃機
　13機製作された実用試験型YA-8の初号機のエンジンを625hp空冷星型ホーネットに換装したシュライクです。最大速度281.63km/h。A-12の原型となりました。

☆カーチスA-12シュライク攻撃機
　YA-10のエンジンを670hpライト・サイクロンに換装し、操縦席を開放型に、また離れていた後席を前進させて搭乗員同士の意志疎通の改善が計られるなどの改造が施されました。最大速度284.36km/h。本機の輸出型モデル60Aは1936年に中国へ20機輸出されています。シュライクの武装は各型同じでした。

☆コンソリデーテッドA-11攻撃機
　ロッキードY1P-25複座戦闘機をもとにコンソリデーテッド社で5機製作した実用試験機です。武装は主翼に7.7mm機銃4挺と後席に7.7mm旋回機銃1挺、13.6kg爆弾10発でした。

☆ノースロップ・ガンマ2A
　ノースロップ社がダグラス系列に
入った後の同社の第1作となった。785hp
ライト・ウィンドウを搭載した全金属製
の最大速度399km/hの高速郵便機です。
初飛行は1933年。TWAではガンマ2D
を高速郵便・貨物機として1934年から就
航させています。

☆ノースロップXA-13試作攻撃機
　1933年6月に完成したガンマの軍用型2Cは、ノースロップ初の
軍用機です。搭載エンジンは712hpライト・サイクロンになり、
操縦席は大きく前方に移され、プロペラは3翅から2翅に
なりました。武装は主翼に4挺の7.7mm機銃と後席の
7.7mm旋回機銃1挺、爆弾272.2kg。同年6月28日、
陸軍はXA-13の名称で購入しました。

格納式の爆撃標準席

☆ノースロップ2E攻撃機
　モデル2EとXA-13との違いは、後席下に格納式の爆
撃標準席が設けられ、主翼の機銃は7.7mm2挺となったこ
とです。爆弾は500kg1発または271.1kg2発、45.4kgな
ら10発搭載できました。最大速度352.4km/h。
1934年2月に中国へ49機輸出され、カーチス
モデル60Aと共に日本軍相手に奮戦しました。
わが日本海軍でも同型機を1933年に1機、参
考実験機として輸入しています。

☆ノースロップ2F攻撃機
　1934年10月に登場したエンジン強化型で、垂直尾翼が楕円整形されました。
　1934年12月19日に陸軍から110機のオーダーがありましたが、当局から更
なるエンジン強化型の要求に答えて試作されたのが、850hpワスプ
搭載のXA-16です。2Fは大型スボン・スパッツを付けたガ
ンマ系の最後の機体で、日本海軍でも1
機購入し十試艦攻(後の九七艦攻)の
設計資料としました。最大速度386km/h。
武装は主翼に7.7mm機銃4挺と後席
に7.7mm旋回機銃1、内翼に13.6kgの
片爆弾20発か、最大490kgまでの爆弾が
搭載できました。

XA-16
試作攻撃機

大戦間の米陸軍爆撃機……❹

ノースロップ A-17 〜ダグラス A-20 ハヴォック

　ノースロップ社は 1934 年 12 月 19 日、アメリカ陸軍からノースロップ 2F を原型とする新攻撃機 110 機の発注を受けました。

　新攻撃機は陸軍の意向で 2F より高馬力のエンジンの搭載が試みられ、XA-16 が試作されましたが、本機は試験段階で操縦性の改善が指摘され、その対策は尾翼面積の増加か、エンジン出力を減らすかの選択に迫られる結果に。

　ノースロップ社では生産ラインの混乱を最小限に納めるため、後者案を採用し、750hp のプラット＆ホイットニー R-1535-11 を搭載することとし、制式名称も A-17 に決まりました。

　A-17 では大型ズボンスパッツを止め、簡単な整形覆いに変更され、1935 年 8 月には最初の A-17 が陸軍に領収されています。

　1935 年の 12 月には A-17 を引込脚とし、エンジンも 825hp の R-1535-13 にパワー・アップされた A-17A が発注され、1936 年 8 月から 1938 年 9 月にかけて計 129 機生産されました。

　この時代は、1935 年 3 月のドイツ再軍備宣言やイタリアのエチオピア侵攻、スペイン内戦の勃発、ドイツのラインラント進駐など世界中がキナ臭くなっていました。軍拡の時代であります。そんな中、A-17 は 8A-1、2、A-17A は 8A-3P、3N、4、5 の各輸出モデルが作られ、前者はスウェーデン、アルゼンチンに、後者はペルー、オランダ、イラク、ノルウェーに輸出されています。スウェーデンではサーブ B-5 の名称で 102 機ライセンス生産されました。輸出モデルは、1938 年 1 月にノースロップ社が 51％の株式を保有するダグラス社に吸収合併されたため、名称はダグラス 8A となりました。

　「A」カテゴリー機は単発機だけではなく双発機もありました。最初の機体は 1935 年 9 月に初飛行したカーチス XA-14 で、その発展型が 13 機製作された YA-18 です。本機は実用試験まで進みましたが、残念ながら制式採用にはいたりませんでした。

　初の制式双発攻撃機は、ダグラス 7B を原型とする「A」カテゴリー最大のヒット作、約 7500 機近く生産されたダグラス A-20 ハヴォックであります。

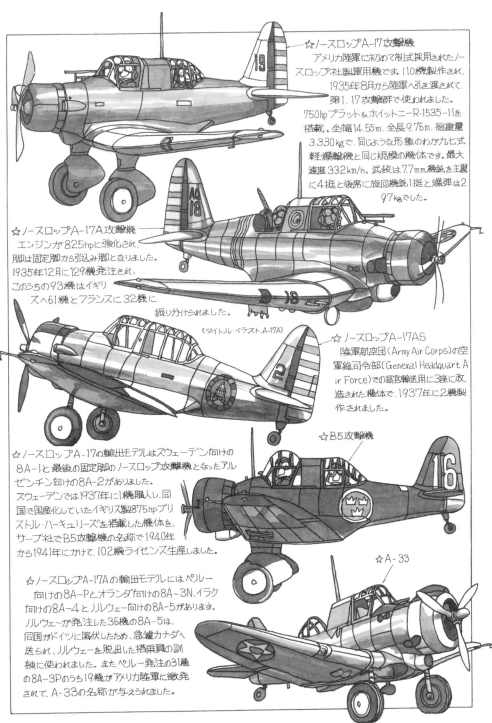

☆ノースロップA-17攻撃機
アメリカ陸軍に初めて制式採用されたノースロップ社製軍用機です。110機製作され、1935年8月から陸軍へ引き渡されて、第1、17攻撃群で使われました。750hpプラット＆ホイットニーR-1535-11を搭載。全幅14.55m。全長9.76m。総重量3.330kgで、同じような形態のわが九七式軽爆撃機と同じ規模の機体です。最大速度332km/h。武装は7.7mm機銃を主翼に4挺と後席に旋回機銃1挺と爆弾は297kgでした。

☆ノースロップA-17A攻撃機
エンジンが825hpに強化され、脚は固定脚から引込み脚となりました。1935年12月に129機発注され、このうちの93機はイギリスへ61機とフランスに32機に振り分けられました。

（タイトル・イラスト、A-17A）

☆ノースロップA-17AS
陸軍航空団（Army Air Corps）の空軍総司令部（General Headquart Air Force）での高官輸送用に3座に改造された機体で、1937年に2機製作されました。

☆B5攻撃機

☆ノースロップA-17の輸出モデルはスウェーデン向けの8A-1と最後の固定脚のノースロップ攻撃機となったアルゼンチン向けの8A-2がありました。スウェーデンでは1937年に1機購入し、同国で国産化していたイギリス製875hpブリストル・ハーキュリーズを搭載した機体を、サーブ社でB5攻撃機の名称で1940年から1941年にかけて、102機ライセンス生産しました。

☆A-33

☆ノースロップA-17Aの輸出モデルにはペルー向けの8A-Pとオランダ向けの8A-3N、イラク向けの8A-4とノルウェー向けの8A-5があります。ノルウェーが発注した36機の8A-5は、同国がドイツに降伏したため、急遽カナダへ送られ、ノルウェーを脱出した搭乗員の訓練に使われました。またペルー発注の31機の8A-3Pのうち19機がアメリカ陸軍に徴発されて、A-33の名称が与えられました。

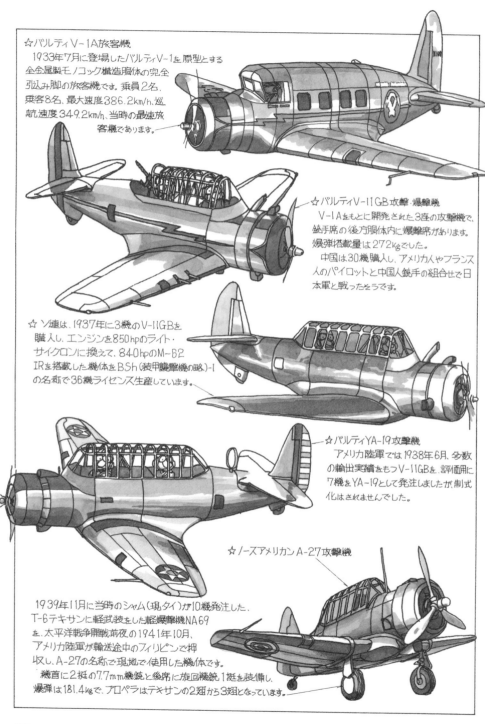

☆バルティV-1A旅客機
　1933年7月に登場したバルティV-1を原型とする
全金属製モノコック構造胴体の完全
引込み脚の旅客機。乗員2名、
乗客8名、最大速度386.2km/h、巡
航速度349.2km/h、当時の最速旅
客機であります。

☆バルティV-11GB攻撃・爆撃機
　V-1Aをもとに開発された3座の攻撃機で、
銃手席の後方胴体内に爆撃席があります。
爆弾搭載量は272kgでした。
　中国は30機購入し、アメリカ人やフランス
人のパイロットと中国人銃手の組合せで日
本軍と戦ったそうです。

☆ソ連は、1937年に3機のV-11GBを
　購入し、エンジンを850hpのライト・
サイクロンに換えて、840hpのM-62
IRを搭載した機体をB.Sh(装甲襲撃機の略)-I
の名称で36機ライセンス生産しています。

☆バルティYA-19攻撃機
　アメリカ陸軍では、1938年6月、多数
の輸出実績をもつV-11GBを、評価用に
7機をYA-19として発注しましたが、制式
化はされませんでした。

☆ノースアメリカンA-27攻撃機

　1939年11月に当時のシャム(現タイ)が10機発注した、
T-6テキサンに軽武装をした軽爆撃機NA69
を、太平洋戦争開戦前夜の1941年10月、
アメリカ陸軍が輸送途中のフィリピンで押
収し、A-27の名称で現地で使用した機体です。
　機首に2挺の7.7mm機銃と後部に旋回機銃1挺を装備し、
爆弾は181.4kgで、プロペラはテキサンの2翅から3翅となっています。

☆カーチスXA-14 シュライク攻撃機
アメリカ陸軍『A』カテゴリー初の双発機で、二代目シュライクです。1935年9月初飛行。同年12月、陸軍がXA-14として購入し、評価試験が行われました。総飛行時間は158時間と短いものでしたが、機首に37mm機関砲を搭載しての試験も行われています。本機は主脚と尾輪が引込み式となった初のアメリカ陸軍機でもありました。

☆カーチスYA-18 シュライク攻撃機
1936年7月23日に陸軍から実用試験機として13機の発注をうけたXA-14の発達型で、納入は1937年7月から10月にかけて行われました。第8攻撃飛行隊で運用された後、第3爆撃群に移管されて訓練用となりました。

☆アメリカ陸軍が1930年代半ばに出した双発攻撃機の仕様にもとづき、アメリカ最初の前輪式着陸装置を採用したダグラスD-7や1939年にボー

イング社のウイチタ部門となったステアマン社のXA-21、それにマーチンXA-22とノースアメリカンNA-40の各1機が製作されましたが、どれも試作で終わりました。
ダグラスD-7の発達型7Bはフランス政府が興味を示し、本機の設計を基本とする新攻撃機105機が発注され、DB-7として1939年8月初飛行しました。

ダグラスDB-7
DB-7のエンジン強化型がDB-7Aです。アメリカ陸軍では本機の一部を改設計してA-20Aの名称で制式採用しています。就役は1940年12月から始まりました。
最大速度558.4km、武装は7.7mm機銃、7挺と爆弾1,179.3kg。

☆ステアマンXA-21攻撃機
機首の風防は完成時は段なしでしたが、陸軍の試験を受ける際に操縦席部分から段をつけた通常形式となりました。
爆弾搭載量は13.6kg、爆弾90発でした。

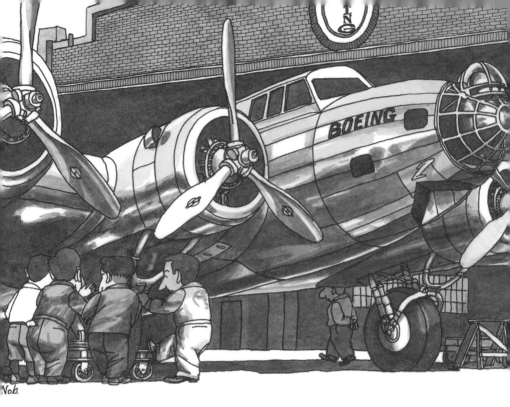

大戦間の米陸軍爆撃機……❺

マーチン B-10 〜ボーイング 299 (YB-17)

　マーチン B-10 はアメリカの近代爆撃機の始祖の 1 機であります。原型は 1932 年 2 月 26 日に公開されたマーチン社自主開発のモデル 123 です。同機は開放座席の爆撃機で、同年 3 月 20 日には XB-907 の名称で陸軍に引き渡されましたが、まもなく改造され、XB-907A となりました。

　XB-907A は 1932 年 10 月、陸軍の評価試験中に時速 333.1km を記録しました。これは、当時のすべてのアメリカ制式戦闘機を凌ぐものでした。この高速爆撃機は陸軍初の回転式銃塔を装備し、胴体内爆弾倉をもつという革新的爆撃機でもありました。

　グレン・L・マーチンは、この革新的な双発高速重爆撃機の開発に成功した功績で、「アメリカ航空界での最大の業績」対して与えられる、ロバート・J・コリアー・トロフィーの 1932 年度の受賞者となりました。

　陸軍はただちに XB-907A に XB-10 の制式名称を与え、1933 年 1 月 17 日に 48 機を 1 機あたり 5 万 840 ドル（エンジンなし）でマーチン社に発注しました。その生産第 1 号機 YB-10（マーチン 139）の

陸軍への引き渡しは、1934 年 6 月でした。さらに 1934、35 年に計 130 機の追加発注がありましたが、陸軍では B-10 の後継機となる多発爆撃機の仕様を 1934 年に提示していました。

　これに応募したのが、マーチン社のマーチン 139 の発達型マーチン 146 双発爆撃機とダグラス社がダグラス DC-2 を基に開発したダグラス DB-1 双発爆撃機、それに 4 発のボーイング 299 爆撃機であります。

　この競争試作では機体の価格が大きな問題となりました。25 機と 220 機製作した場合のそれぞれの 1 機あたりの価格はエンジンなしで、マーチンは 8 万 5910 ドルと 4 万 8880 ドル、ダグラスでは 9 万 9150 ドルと 5 万 8500 ドル、ボーイングは 19 万 6730 ドルと 9 万 9620 ドルとなり、大変な価格差がありました。

　そこで陸軍は、双発のダグラス DB-1 を B-18 として 133 機、ボーイング 299 を YB-17 として 13 機発注するというハイ・ロー・ミックス方式で採用しました。

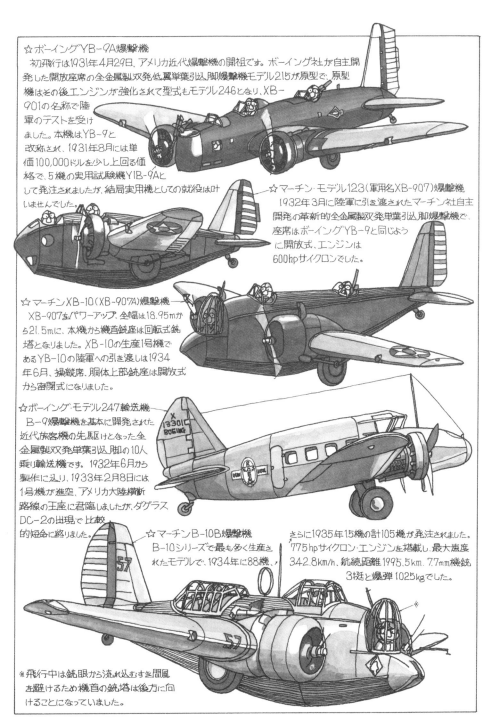

☆ボーイングYB-9A爆撃機
　初飛行は1931年4月29日。アメリカ近代爆撃機の開祖です。ボーイング社が自主開発した開放座席の全金属製双発低翼単葉引込脚爆撃機モデル215が原型で、原型機はその後エンジンが強化されて型式もモデル246となり、XB-901の名称で陸軍のテストを受けました。本機はYB-9と改称され、1931年8月には単価100,000ドルを少し上回る価格で、5機の実用試験機YB-9Aとして発注されましたが、結局実用機としての就役は叶いませんでした。

☆マーチン・モデル123（軍用名XB-907）爆撃機
　1932年3月に陸軍に引き渡されたマーチン社自主開発の革新的全金属製双発単葉引込脚爆撃機で、座席はボーイングYB-9と同じように開放式、エンジンは600hpサイクロンでした。

☆マーチンXB-10（XB-907A）爆撃機
　XB-907をパワーアップ。全幅は18.95mから21.5mに。本機から機首銃座は回転式銃塔となりました。XB-10の生産1号機であるYB-10の陸軍への引き渡しは1934年6月、操縦席、胴体上部銃座は開放式から密閉式になりました。

☆ボーイング・モデル247輸送機
　B-9爆撃機を基本に開発された近代旅客機の先駆けとなった全金属製双発単葉引込脚の10人乗り輸送機です。1932年6月から製作に入り、1933年2月8日には1号機が進空、アメリカ大陸横断路線の王座に君臨しましたが、ダグラスDC-2の出現で比較的短命に終りました。

☆マーチンB-10B爆撃機
　B-10シリーズで最も多く生産されたモデルで、1934年に88機、さらに1935年15機の計105機が発注されました。775hpサイクロン・エンジンを搭載し、最大速度342.8km/h、航続距離1995.5km、7.7mm機銃3挺と爆弾1025kgでした。

※飛行中は銃眼から流れ込むすき間風を避けるため機首の銃塔は後方に向けることになっていました。

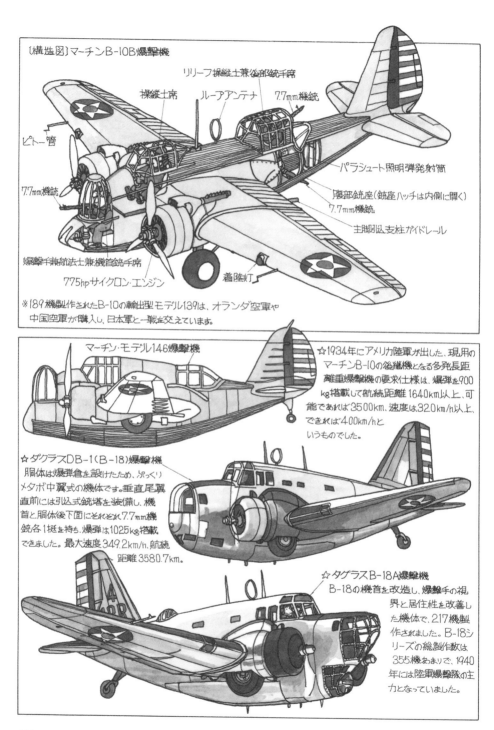

〔構造図〕マーチンB-10B爆撃機

リリーフ操縦士兼後部銃手席

操縦士席　ループアンテナ　7.7mm機銃

ピトー管

7.7mm機銃

パラシュート照明弾発射筒

腹部銃座（銃座ハッチは内側に開く）
7.7mm機銃

主脚引込支柱ガイドレール

爆撃手兼航法士兼機首銃手席

775hpサイクロン・エンジン

着陸灯

※189機製作されたB-10の輸出型モデル139は、オランダ空軍や
　中国空軍が購入し、日本軍と一戦交えています。

マーチン・モデル146爆撃機

☆1934年にアメリカ陸軍が出した、現用の
　マーチンB-10の後継機となる多発長距
　離重爆撃機の要求仕様は、爆弾を900
　kg搭載して航続距離1640km以上、可
　能であれば3500km、速度は320km/h以上、
　できれば400km/hと
　いうものでした。

☆ダグラスDB-1（B-18）爆撃機
　胴体は爆弾倉を設けたため、ぷっくり
　メタボ中翼式の機体です。垂直尾翼
　直前には引込式銃塔を装備し、機
　首と胴体後下面にそれぞれ7.7mm機
　銃各1挺を持ち、爆弾は1025kg搭載
　できました。最大速度349.2km/h、航続
　　距離3580.7km。

☆ダグラスB-18A爆撃機
　B-18の機首を改造し、爆撃手の視
　界と居住性を改善し
　た機体で、217機製
　作されました。B-18シ
　リーズの総製作数は
　355機あまりで、1940
　年には陸軍爆撃隊の主
　力となっていました。

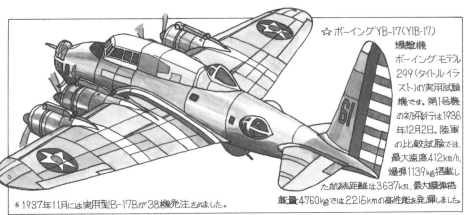

☆ボーイングYB-17（YIB-17）

爆撃機ボーイング・モデル299〈タイトル・イラスト〉の実用試験機です。第1号機の初飛行は1936年12月2日。陸軍の比較試験では、最大速度412km/h、爆弾1139kg搭載した航続距離は3637km、最大爆弾搭載量4.760kgでは2.216kmの高性能を発揮しました。

※1937年11月には実用型B-17Bが38機発注されました。

☆ダグラスB-23ドラゴン爆撃機

B-18のメタボ胴体を改設計、胴体はスマートに、垂直尾翼は大きくなりました。特筆すべきことは、アメリカ陸軍機として最初に尾部銃座を採用したことであります。最大速度454km/h、航続距離2345km、7.7mm機銃3挺と12.7mm機銃1挺、爆弾1800kg。

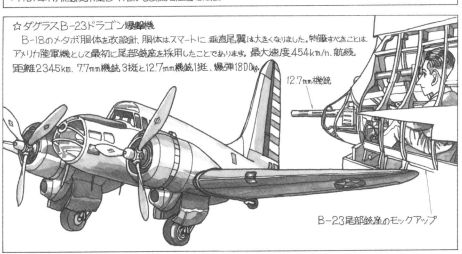

12.7mm機銃

B-23尾部銃座のモックアップ

☆ボーイングXB-15巨人爆撃機

1935年6月の発注時の名称はXBLR-1（LRは長距離の意）、初飛行は1937年10月15日でした。全幅45.4m、全長26.7m、最大速度317km/h、航続距離は爆弾1138kgを搭載して5470km。7.7mm機銃3挺と12.7mm機銃3挺です。アメリカで製作された当時最大の飛行機で、乗員室は空調と防音設備が施され、キッチンとトイレも付いています。また、主翼前縁の通路を通れば飛行中でもエンジンの点検整備ができました。

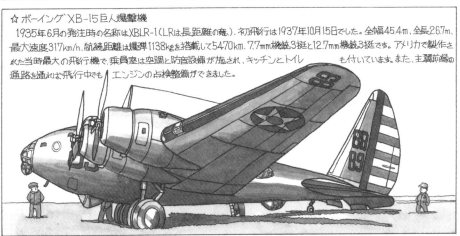

女性飛行士あの人この人……❶

女流飛行家の誕生

　1903 年 12 月 17 日、人類はアメリカのライト兄弟によって、初の動力付き飛行機による、持続的、かつ操縦された飛行に成功しました。したがって世界初の飛行機操縦士は男性であります。

　この飛行から 6 年後の 1909 年 10 月 23 日、フランスのバルーニスト（気球乗り）であるマダム・ド・ラローシュ（自称ローシュ男爵夫人、通称レイモン・ド・ラローシュ）こと本名エリーゼ・ドローシュは、世界初の女性単独飛行に成功し、翌年の 1910 年 3 月 8 日付けでフランス飛行倶楽部発行の飛行免許 No.36 を取得し、女流飛行家第 1 号となりました。

　ちなみにわが国で初めて公式飛行に成功した徳川好敏大尉の飛行免許は、1910 年 11 月 8 日付けのフランス飛行倶楽部発行の No.289 です。

　アメリカ初の女流飛行家は、1911 年 8 月 2 日に FAI 飛行免許 No.33 を取得したミス・ハリエット・クインビーです。クインビー嬢は 1912 年 4 月 16 日に、女性パイロットとして初めてのイギリス海峡横断の快挙をなしとげています。

　初期の女流飛行家として最も高貴な御方は、

1911 年 8 月 16 日に飛行免許を取得した、ロシアのユージニー・ミカエロヴナ・シャコヴスカヤ王女でしょう。王女は第一次大戦勃発に際し、ロシア皇帝から軍の飛行士として勤務することを許され、1914 年 11 月に第 1 野戦飛行中隊の偵察パイロットに任命されました。

　王女は世界初の女性軍用パイロットとして大戦を生き抜き、さらに貴族出身にもかかわらずロシア革命をも生き抜き、後にキエフのボルシェビキ秘密警察の主任処刑者になったそうです。

　わが国での女流飛行家初御目見えは、第一次大戦のさなかの 1916（大正 5）年 12 月 10 日に来日し、東京青山練兵場はじめ各地で公開飛行を行なったアメリカの女流飛行家、ミス・キャサリン・スチンソンです。

　続いて 1919（大正 8）年 1 月には、女性として初の宙返りに成功したアメリカのルース・ロー夫人が来日し、2 月 1 日、東京洲崎埋立地で公開飛行を行ないました。日本女性飛行士第 1 号誕生の 4 年前のことでありました。

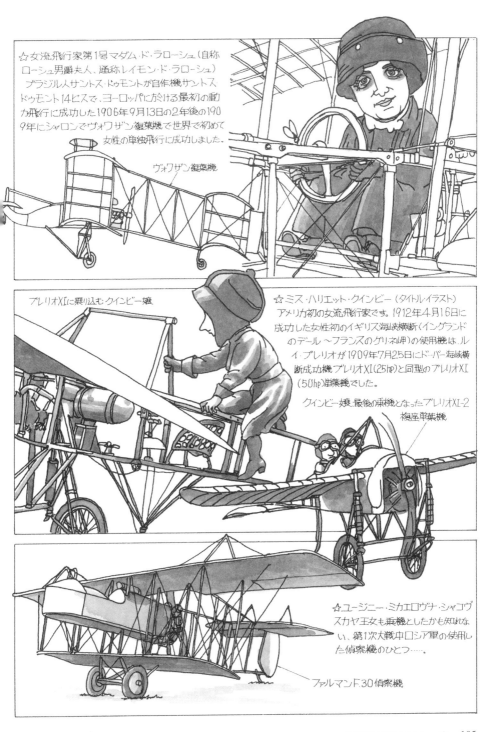

☆女流飛行家第1号マダム・ド・ラローシュ（自称ローシュ男爵夫人、通称レイモン・ド・ラローシュ）ブラジル人サントス・ドゥモントが自作機サントス・ドゥモント14ビスで、ヨーロッパに於ける最初の動力飛行に成功した1906年9月13日の2年後の1909年にシャロンでヴォワザン複葉機で世界で初めて女性の単独飛行に成功しました。

ヴォワザン複葉機

ブレリオXIに乗り込むクインビー嬢

☆ミス・ハリエット・クインビー（タイトル・イラスト）アメリカ初の女流飛行家です。1912年4月16日に成功した女性初のイギリス海峡横断（イングランドのデール〜フランスのグリネ岬）の使用機は、ルイ・ブレリオが1909年7月25日にドーバー海峡横断成功機ブレリオXI（25hp）と同型のブレリオXI（50hp）単葉機でした。

クインビー嬢、最後の乗機となったブレリオXI-2複座単葉機

☆ユージニー・ミカエロヴナ・シャコヴスカヤ王女も乗機としたかも知れない、第1次大戦中ロシア軍の使用した偵察機のひとつ……。

ファルマンF.30偵察機

☆ヒルダ・B・ヒューレット夫人
イギリス初の婦人パイロットです。
アンリー・ファルマン複葉機
で1911年8月29日、飛行免許
No.122を取得しました。夫人は、
家庭教育で息子のF.E.T.ヒューレット
海軍少尉に飛行術を教え、少尉は母から
飛行教育を受けた世界で最初の子供で、
母の家庭教育で海軍パイロットになりました。

アンリー・ファルマン複葉機

☆キャサリン・スチンソン
飛行免許を取得した年齢は、16歳でした。その翌年の1913年
6月21日にはライトB機を手に入れ、17歳で全米各地の催しで
披露した飛行は、飛行機黎明期の人々を歓喜させるものとな
りました。

ライトB複葉機

スチンソン嬢来日時の
使用機、レアード・ルーバー(80hp)
複葉単座曲技機

☆スチンソン家は兄も妹もパイロットという飛行一家で、後に兄
のエドワードは航空機製造会社スチンソン・エアクラフト会社
を設立しました。戦後の1953年、陸上自衛隊の前身組織で
ある保安隊にアメリカから35機供与されたスチンソンL-5
連絡機は同社製の機体です。

兄エドワード

スチンソンL-5連絡機

534974

NSF

カーチス推進式複葉機上のロー夫人

☆ルース・ロー夫人
　1915年6月に世界で初めて宙返りに成功した女性飛行士です。1916年11月には燃料タンクを増設したカーチス推進式複葉機でシカゴ～ニューヨーク州ホーネルまで飛行し、クロスカントリー無着陸飛行の、アメリカ新記録となる950kmを樹立すると共に、女性の世界新記録となりました。夫人はライトB機で操縦を習ったため、愛機の操縦装置は操縦輪式ではなくライトB機式の操縦捍でした。

☆日本女性飛行士第1号
　1922年3月24日、兵頭 精（23歳）が航空局の3等飛行機縦試験に合格し、31日付で第38号免許を交付されました。

☆ミルドレット・ドーランとブール・エアーセダン複葉機『ミス・ドーラン』号
　1927年8月20～21日にかけて行われた、ハワイのパイナップル王ジェームス・D・ドールがスポンサーとなったカリフォルニア州オークランド～ハワイ間の南太平洋横断飛行レース『ドール・エアー・ダービー』に参加しましたが洋上で消息を絶ちました。

☆ミス・ルース・エルダーは男性飛行士と組んで、スチンソン・デトロイター単葉機『アメリカン・ガール』号で、女性初の大西洋無着陸横断飛行に挑戦しましたが、ニューヨーク州ロングアイランドを離陸後、28時間、4220km飛行したところで、アゾレス諸島北東の洋上に不時着という残念な結果となりました。ふたりは無事オランダのタンカーに救助されたそうです。

『アメリカン・ガール』号と同型のスチンソン・デトロイター機

女性飛行士あの人この人……❷

黄金期のアメリカ女性飛行士

　大戦間の 1920 年代から 1930 年代後期、アメリカでは、ピューリッツァー・トロフィー・レースをはじめ、J・L・ミッチェル、トンプソン、ベンディックスなどのトロフィー・レースが華々しく開催された飛行機レースの黄金期でありました。

　これらの陸上機を対象とした飛行機レースは当初、田舎のお祭り程度でしたが、1924 年頃にはナショナル・エアレースという呼称が一般に定着し、1929 年度の本レースでは有料観客数 50 万人以上という空前の規模の開催となりました。

　この 1929 年度のナショナル・エアレースには新しく女性飛行士による種目、婦人エアダービーが設けられ、サンタモニカ～クリーブランド間で争われました。

　本レースの優勝者はトラベルエアー D-4000 複葉機に搭乗したルイス・サッデンで、飛行時間 20 時間 2 分、アメリア・イアハートは 3 位でした。

　ルイス・サッデンはロサンゼルスで開催された1936 年度ナショナル・エアレースのベンディックス・トロフィーレースでは、ブランチ・ノイズと

組み、ビーチクラフト C-17R 複葉機で、平均時速 266.0km/h で 1 位になりました。これは史上初の女性ベンディックス優勝の快挙であります。また同時に女性の西向き大陸横断記録樹立となりました。

　1929 年 11 月 2 日、本年度の婦人エアダービーの参加者を中心として女性飛行家協会「ナインティ・ナイナーズ」が設立され、アメリア・イヤハートが初代会長になりました。関西の漫才コンビに似た名称ですが、同協会の設立時の会員数 99 名にちなんでの命名であります。

　この年は女性滞空記録が競われた年でもありました。4 月 23 日～24 日にかけてベランカ CH-300「トム」号で、ロサンゼルス上空を 26 時間 21 分 32 秒飛び続けたミス・エリノア・スミスは、8 歳で操縦桿を握り、15 歳で単独飛行し、この女性滞空記録樹立時点の年齢は 17 歳でした。女性滞空記録への挑戦は空中給油を伴うものまで発展しました。

　エリノアは翌年の 1930 年 3 月 10 日、「トム」号で女性高度記録に挑み、ニューヨーク州ロングアイランドで 8357m の高度記録を樹立しています。

☆1929年度ナショナル・エアレース婦人エア
　ダービーの飛行コース
☆トラベルエアーD-4000複葉機と
　優勝者ルイス・サッデン夫人

クリーブランド（ゴール）
コロンバス
シンシナティ
テレ・ホート
カンザス・シティ
セント・ルイス
ウィチタ
タルサ
サンタモニカ（スタート）
サン・バーナディノ
フェニックス
ユマ
ダグラス　エルパソ
フォート・ワース
アビリーン
ベーコス　ミッドランド

☆1929年の女性滞空記録競争
☆1929年1月2日、ミス・イヴリン "ボビー" トラウトはロッキード・
　ベガ『ゴールデン・イーグル』号に乗って口サンゼルス上空で
　　　12時間11分を記録する。

ロッキード・ベガ

──☆記録樹立後口サンゼルスのメトロポリタン空港
　　に着陸したミス・イヴリン "ボビー" トラウト。
　☆ミス・エリノア・スミスは1
　　月30日、ニューヨーク上空
　　で13時間16分飛び続け記
　　録を更新。
　☆2月11日、ミス "ボビー"
　　トラウトが17時間5分
　　37秒飛び続け、女性滞
　　空記録タイトルをエリノ
　　ア・スミスから奪還。

☆滞空記録競争にルイス・サッデ
　ン夫人が参戦。3月16～17日、ト
　ラベルエアー・モデル3000複
　葉機で22時間3分12秒飛び
　続け、タイトルを手にしました。
☆ベランカCH-300ペースメーカー
　単葉機『トム』に乗ったエリノ
　ア・スミスは4月23～24日、
　口サンゼルス上空を26時間
　21分32秒飛び続けタイトル
　を奪回。（タイトル・イラスト）

☆着陸後、ただちに自動気圧計をチェックするエリノア・スミス

☆エリノア・スミスは1930年3月10日『トム』号で、8357mまで上昇し、1928年12月にサッデン夫人がトラベルエア-3000複葉機で樹立した婦人高度記録6858mを更新しました。

☆ミス・エリノア・スミスとミス・イヴリン"ボビー"トラウトはコマーシャル・エアクラフトC-1サンビーム複葉機に乗り、1929年11月27日ロサンゼルス・メトロポリタン空港を離陸、カーチス・ピジョン改造給油機から空中給油を受けながら、11月29日午前4時まで42時間4分41秒飛び続け女性滞空記録を更新。

スミス

トラウト

カーチス・ロビン

カーチス・スラッシュ

☆ルイス・サッデン夫人はフランシス・マーサリス夫人とともに1932年8月14～22日の8日間、カーチス・スラッシュ高翼単葉機に乗り、カーチス・ロビン高翼単葉機から空中給油を受けながら飛び続け、196時間15分の女性滞空記録を樹立。

☆女性世界速度記録競争もありました。

☆1930年8月5日、第1回婦人エアダービーの参加者ミス・フローレンス・ロウ"パンチョ"バーンズはトラベルエア・ミステリー・レーサーに乗り、3kmコース上を規定通りの高度50m以下で往復飛行し、

平均速度315.72km/hの女性世界速度記録を樹立。

トラベルエア・ミステリー・レーサー当時の価格は12500ドル。

☆メイ・ヘイズリップ夫人は1932年度のナショナル・エアレースで9月5日に行われたシェル・スピードダッシュ競技で規定の直線3kmコースで、平均速度406.37km/hの女性世界速度記録を樹立しました。乗機は彼女の夫がベンディクス・トロフィー・レースで優勝したウェデル・ウィリアムス単葉機でした。また、翌年の女子のアエロール・トロフィー・レースでも同機で優勝しています。

☆ルイス・サッデンは1936年度のナショナル・エアレースのベンディックストロフィー部門で、ブランチ・ノイズと組み、ビーチクラフトC-17複葉機で、平均速度266.0km/hを記録し、同レース初の女性優勝者となりました。またこの飛行は同時に、女性の西向を大陸横断記録の樹立でもありました。

☆ルイス・サッデンは翌年の1937年5月29日には、同機でセントルイスの100km周回コース上を平均速度318.57km/hで飛行し、アメリカ婦人速度記録を樹立しています。

同レースの2位はこれも女性のローラ・インガルスのロッキード オライオンでした。

☆ビーチクラフト社は、1924年にロイド・スティアマンやクライブ・セスナらとトラベルエアー社を設立したウォルター・ビーチが、1932年に妻オリーブとともに設立した会社で、その第1作がスタッガーウィング（食い違い翼）のモデルC-17Rです。2機作られた原型機はスパッツ付の固定脚でした。わが国でも戦前、立川などでC-17Eをライセンス生産（20機プラス）しています。

フォード・トリモーター（同型機）

☆1934年12月31日にはアメリカ初の女性定期便パイロットが誕生しました。ミス・ヘレン・リッチーが、アメリカ初の定期運航郵便輸送機を操縦する資格を取得し、ワシントンD.C.からミシガン州のデトロイトまでフォード・トリモーターで最初の定期飛行を行ないました。

女性飛行士あの人この人……❸

長距離飛行と訪日飛行

　長距離飛行記録には、リンドバーグが成功した大西洋横断飛行等の直線記録や、日本の航研機が樹立した周回記録のような無着陸飛行記録と、「神風」号が東京～ロンドン間を 100 時間以内で結んだ記録のように途中で給油する都市（国）間連絡飛行記録や世界一周飛行記録などがあります。

　1930 年 11 月 24 日に単独世界一周の途中、立川飛行場にブラックバーン・ブルバードIV複座軽飛行機で到着したイギリス人のヴィクター・ブルース夫人は、最初の訪日女性パイロットでした。夫人は元レーシング・ドライバーでこの時〝アラフォー〟ならぬピッタリ 40 歳だったそうです。

　翌年の 1931 年 8 月 6 日には、前年に女性初かつ単独のイギリス本土～オーストラリア間飛行に成功し名を上げたイギリス人ミス・エミー・ジョンソンがデハビランド DH.80A プス・モス「ジェイソンⅡ」号で、シベリア経由で 2 人目の訪日女性パイロットとして立川飛行場に到着し、8 日 22 時間 35 分の日英連絡飛行の最短時間記録を樹立しました。

　エミー・ジョンソンはその後、飛行家ジェームス・

モリソンと結婚し、モリソン夫人としても数々の飛行記録を樹立しています。

　直線飛行記録としては、1931 年 10 月 24 日、アメリカのミス・ルース・ニコルズが愛機ロッキード・ヴェガ「アキタ」号で婦人世界長距離記録に挑み、フランスのマリーズ・バスティエの記録 2975km を破る 3181km の記録を樹立しましたが、「アキタ」号は翌日、離陸に失敗、大破炎上し、女性初の大西洋単独横断挑戦計画もこれで燃えつきました。

　複数回の訪日飛行という都市間連絡飛行を行なった女性パイロットが 1 人だけいます。1933 年と 1934 年に、それぞれファルマン F190「ジョエⅡ」号とブレゲー 27S「ジョエⅢ」号で羽田飛行場に飛来したフランス人のマリーズ・イルズ嬢であります。

　その羽田飛行場からは同年 1934 年 10 月 22 日に飛び立った、松本キク操縦のサルムソン 2A2（乙式 1 型偵察機）「白菊」号が、女性初の満州訪問飛行である東京～新京間の都市間連絡飛行に成功しました。そんな中、数々の飛行記録のホルダーとなったのが、アメリア・イヤハートでした。

☆ ヴィクター・ブルース夫人　1930年9月25日、ブラックバーン・ブルバードⅣ複座軽飛行機でロンドンのヘイストン飛行場を出発し、単独世界一周の途についた時の夫人の飛行機操縦経験は、わずか40時間でありました。太平洋、大西洋を船で越えた以外は愛機で飛び、1931年2月20日にロンドンのクロイドン空港に到着し、世界一周を成し遂げました。

☆ ブラックバーン・ブルバードⅣ（DHジアシー120hp）
並列複座の1つに燃料タンクを増設していました。三菱ではDHジプシー90hpとマングース130hp搭載機各1機をライセンス生産。

☆ミス・エミー・ジョンソン

デハビランドDH.60Gジプシー・モス改造機『ジェイスン』号に乗り、1930年5月24日に成功した、女性初のイギリス本土〜オーストラリア間の連絡飛行は、ロンドンのクロイドン空港からオーストラリアのダーウィンまで、オーストリア、トルコ、ペルシャ、インド、バンコック、シンガポールを経由した19日間の飛行でした。

☆ 1931年8月6日、ミス・エミー・ジョンソンはデハビランドDH.80Aプス・モス（ネコガ）単葉機『ジェイソンⅡ』号で、C.S.ハンフリー機間士とともに、

モスクワ、シベリア経由で約12,000kmのコースを8日22時間35分で飛び、立川飛行場に到着しました。このタイムは、日英連絡飛行の最短時間記録の樹立となりました。

エミー・ジョンソン　ハンフリーズ

☆イギリスで最も人気の高い女性パイロットであったエミー・ジョンソンは、同じくイギリスで最も人気の高い男性パイロット、ジェームス・A・（ジム）モリソンと1932年7月29日に結婚しました。
（タイトル・イラスト）左、エミー・モリソン、右、ジム・モリソン。

☆1933年11月14〜18日、エミー・モリソン夫人はDH.80Aプス・モス『デザート・クラウド』号で、イングランドのケント州リンプから南アフリカのケープタウンまで4日6時間54分で飛び、夫モリソンの持つ4日17時間30分の記録を破りました。

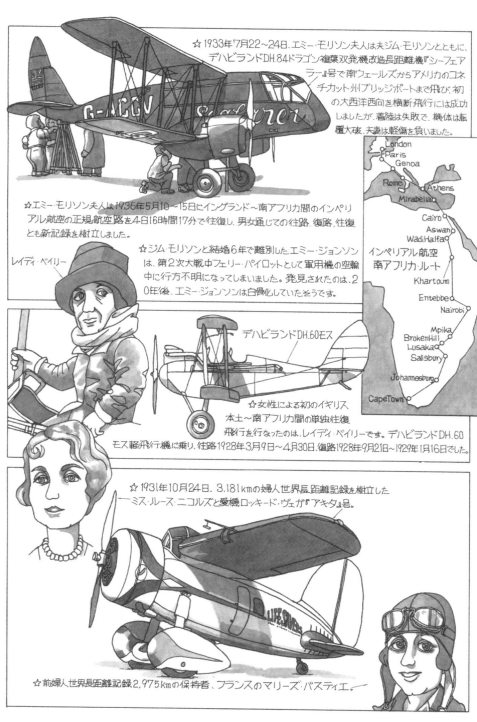

☆1933年7月22～24日、エミー・モリソン夫人は夫ジム・モリソンとともに、デハビランドDH.84ドラゴン複葉双発機改造長距離機『シーフェアラー』号で南ウェールズからアメリカのコネチカット州ブリッジポートまで飛び、初の大西洋西向き横断飛行には成功しましたが、着陸は失敗で、機体は転覆大破、夫妻は軽傷を負いました。

☆エミー・モリソン夫人は1936年5月10～15日にイングランド～南アフリカ間のインペリアル航空の正規航路を4日16時間17分で往復し、男女通じての往路、復路、往復とも新記録を樹立しました。

☆ジム・モリソンと結婚6年で離別したエミー・ジョンソンは、第2次大戦中フェリー・パイロットとして軍用機の空輸中に行方不明になってしまいました。発見されたのは、20年後、エミー・ジョンソンは白骨化していたそうです。

London
Paris
Genoa
Rome
Athens
Mirabellao
Cairo
Aswan
WadiHalfa
Khartoum
Entebbe
Nairobi
Mpika
BrokenHill
Lusaka
Salisbury
Johannesburg
CapeTown

インペリアル航空
南アフリカ・ルート

レイディ・ベイリー

デハビランドDH.60ES

☆女性による初のイギリス本土～南アフリカ間の単独往復飛行を行なったのは、レイディ・ベイリーです。デハビランドDH.60モス軽飛行機に乗り、往路1928年3月9日～4月30日、復路1928年9月21日～1929年1月16日でした。

☆1931年10月24日、3,181kmの婦人世界長距離記録を樹立したミス・ルース・ニコルズと愛機ロッキード・ヴェガ『アキタ』号。

☆前婦人世界長距離記録2,975kmの保持者、フランスのマリーズ・バスティエ。

☆フランスのマリーズ・イルズ嬢は2度の訪日飛行を行ないました。
☆1933年4月16日、ファルマンF190高翼単葉機『ジョエII』
号にルメール機関士を同乗させ、南方コースを経由し羽田
飛行場に到着、総飛行距離は
17,500kmでした。

マリーズ・イルズ

ルメール

『ジョエII』号

F-ALUI

『ジョエIII』号上の
マリーズ・イルズ嬢とブラークス

F-AKF

☆再度の訪日飛行は1934年
3月6日。ブレゲー27S一葉半
複座機『ジョエIII』号でブラークス機関士を同乗させ
羽田飛行場に到着。帰途のサイゴン～パリ間11.
300kmを5日9時間で飛んだ記録は女性新記録で
した。
☆マリーズ・イルズ嬢は1935年に11,800m、1936年
には14,300mの婦人高度記録を樹立したフランスを
代表する女性パイロットでした。1937年の『神風』
号の訪欧飛行で飯沼飛行士は、パリ到着時にマリ
ーズ・イルズ嬢のキスの歓迎をうけたそうです。

☆エミー・モリソンのライバル(?)ジーン・バッテン
(ニュージーランド)はデハビランドDH.60Mモス軽
飛行機で、1934年5月23日オーストラリアのダー
ウィンに到着、ケント州ケンプからの飛行時間14
日22時間30分は、1930年にエミー・ジョンソン
が樹立した記録を4日以上短縮するものでした。
☆1935年11月11～13日には、ケント州ケンプか
らブラジルのナタールまでパーシヴァル・ガル・シッ
クス『ジーン』号で2日13時間15分で飛び、ジム・モ
リソンの持つ記録を約1日短縮すると共に、セネ
ガル～ナタール間の飛行は女性初の南大西洋横
断飛行となりました。

白菊号

☆松本キクは20歳で女性初の2等
飛行機操縦免許を取得した元小学
校教師で、『白菊』号による女性初
の満州訪問飛行の時は21歳でした。

☆サルムソン2A2『白菊』号

女性飛行士あの人この人……❹

記録ホルダー　アメリア・イアハート

「女リンディー」と呼ばれ、数々の記録を残したアメリア・イアハートの華やかな航空歴の第一歩は、1928年6月17〜18日の、同乗者ではありましたが女性初の大西洋横断飛行でした。使用機はロンドンの富豪フレドリック・E・ゲスト夫人のもつ「フレンドシップ」号でした。同機は1926年、フロイド・ベネットの操縦で初の北極点到達飛行に成功したフォッカーF. Ⅶ A/3m「ジョセフィン・フォード」号を夫人が購入し、水上機に改造した機体です。

当時まだ無名の女性パイロットだったアメリア・イアハートの搭乗は、ジョージ・パトナムの紹介で、ゲスト夫人が自分の代わりに大西洋を初めて横断する女性をアメリカに選定したからであります。

アメリア・イアハートはこの飛行の翌年1929年のナショナル・エアレースのサンタモニカ〜クリーブランド間婦人エアダービーで、ロッキード・ヴェガ単葉機で参加し3位に入賞しています。

この年の11月2日に女性飛行家協会「ナインティ・ナイナーズ」の初代会長に就任したアメリアは22日にロッキード・ヴェガ単葉機で296.38km/

hの婦人速度記録を樹立したのを皮切りに以後、数々の飛行記録を打ち立てたのであります。

ロッキード・ヴェガ単葉機はロッキード社のスローガン「ロッキードを破るためにロッキードを」を証明するように、次々と記録を樹立し、その数は40以上にもなるそうです。そのなかには1932年5月20〜21日に成功した女性初の単独北大西洋東向き横断飛行や、同年8月24日には女性初のアメリカ大陸横断無着陸飛行に成功すると共に3988kmの婦人長距離飛行記録の樹立などの多くのアメリアの記録もふくまれています。131機生産されたヴェガ・シリーズの内6機がアメリアの使用機でした。

1936年9月、アメリアはロッキード10Eエレクトラ双発機を駆ってナショナル・エアレースのベンディックス・トロフィー・レースに参加し、エンジン・トラブルがありながらも5位入賞を果たしています。アメリアはこのエレクトラに乗り東回り世界一周飛行の途中1937年7月2日、ニューギニア島ラエ離陸20時間後に消息を絶ちました。

☆1928年6月17〜18日、フォッカードⅦb/3m『フレンドシップ』はウィルマー・スタルツ操縦士とルー・ゴードン航空士、アメリア・イアハートが乗り組み、ニューファウンドランド島トレパシーを出発、20時間40分後にウェールズのバリーポートに着水しました。この飛行でアメリア・イアハートは大西洋を飛行機で初横断した女性となりました。

☆バリーポートに到着後、サザンプトンに回航された『フレンドシップ』号。

☆最初の愛機、『キナー・カナリー』の操縦席に座るアメリア・イアハート。

☆1929年8月23日〜9月2日に開催されたナショナル・エアレースのサンタモニカ〜クリーブランド間婦人エアダービーでスタートを切る、アメリア・イアハートのロッキード・ヴェガ。結果は、3位。

☆ロッキード・ヴェガはジャック・ノースロップ設計の全木製機で、胴体はカバ材を3枚合わせにしたベニヤ板をコンクリートの凹型とゴム空気袋の凸型とで左右半分づつ成形した外皮を木製骨材に被せたセミモノコック構造です。

☆女性初の大西洋横断に成功した3ヵ月後の1932年8月24日。イアハートは女性初のアメリカ大陸無着陸横断に成功。市民の大歓迎をうけるイアハート。

☆ジョージ・パトナムと結婚しジョージ・パトナム夫人となってからのイアハートのロッキード・ヴェガによる長距離飛行。(⑩『フレンドシップ』号のルート)①女性初の単独大西洋横断(ニューファウンドランド島ハーバー・グレイス〜アイルランドのロンドンデリー)。単独大西洋横断はリンドバーグに次ぐ2人目の快挙でした(1932年5月20〜21日)。②女性初のアメリカ大陸単独無着陸横断。③男女通じて最初のハワイ〜アメリカ本土間単独飛行(1935年1月11〜12日)。④バーバンク〜メキシコシティ間無着陸飛行(1935年4月19〜20日)。⑤女性初のメキシコシティ〜ニューアク間…。

☆スミソニアンに展示されているイアハートの愛機。真紅のロッキード・ヴェガ。

☆ヴェガと共にイアハートの愛機となったロッキード10Eエレクトラ(製作中の同機)。モデル10エレクトラはロッキード社初の双発機であり、かつ初の全金属製機であります。初飛行は1934年2月23日でした。

☆エレクトラの操縦席に座るイアハート。

☆イアハートは1937年5月20日、『これが最後の長距離飛行』
と宣言して、フレッド・ヌーナン航空士と共にエレクトラに乗って
オークランドを出発し、東向き世界一周の途に就きました。
マイアミまでは夫のジョージ・パトナムも同乗しての旅立ちでした。

☆イアハートと愛機エレクトラ。

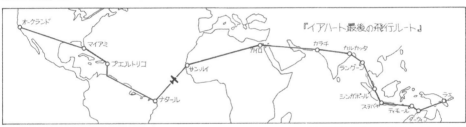

『イアハート最後の飛行ルート』

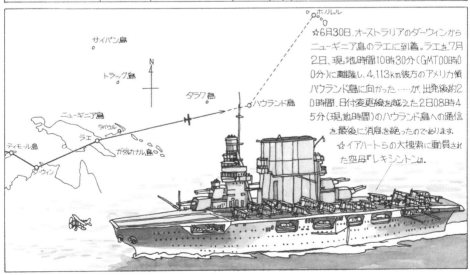

☆6月30日、オーストラリアのダーウィンから
ニューギニア島のラエに到着。ラエを7月
2日、現地時間10時30分(GMT00時0
0分)に離陸し、4,113km彼方のアメリカ領
ハウランド島に向かった……が、出発後約2
0時間、日付変更線を越えた2日08時4
5分(現地時間)のハウランド島への通信
を最後に消息を絶ったのであります。

☆イアハートらの大捜索に動員され
た空母『レキシントン』。

女性飛行士あの人この人……❺

スピードの女王と女性エース

　アメリア・イアハートに刺激されて1932年、たった20日間のトレーニングで小型機の操縦ライセンスを取得し、女流飛行家の仲間入りをしたのがミス・ジャクリーヌ・コクランであります。

　コクランは1937年7月26日、ビーチクラフトD17Wで、平均速度328.12km/hのアメリカの婦人速度記録を樹立、9月3日の大陸横断スピード・レースであるベンディックス・トロフィー・レースでは、同機で平均速度313.3km/hで3位に入賞し、さらに翌年の同レースで、なみいる男性パイロットを押さえてセヴァスキーSEV-S2改造機で優勝を果たしています。

　1940年にリパブリックP-35戦闘機を操縦し、平均速度533.83km/hの国際速度記録を樹立したコクランは、戦時中はフェリー・パイロットの部隊で陸軍航空隊に協力するWASP（女子空軍パイロット）を設立し、そのリーダーとして活躍しました。

　戦後の1947年にはP-51BでドイツのMe209Vの FAI公認陸上プロペラ機速度記録を更新したスピード女王コクランでしたが、1951年、ライバルが現われました。バンパイア・ジェット戦闘機で818.18km/hを記録したフランス大統領令息夫人のジャクリーヌ・オリオールであります。

　ふたりは抜きつ抜かれつの「世界一速い女性の座」をめぐる争いを展開し、使用機もF-86やミステールⅣ、ミラージュⅢ、F-104とエスカレートし、コクランが1964年5月18日にF-104Gで2300.17km/hの速度記録を樹立するまで続いたのであります。

　また実際に戦闘機を駆って戦った女性飛行士がいました。第二次大戦中にソ連で編成された世界で類を見ない女性だけの戦闘機隊（第586連隊）で、12機撃墜のリディア・リトヴァク中尉や11機撃墜のイェカテリーナ・ブダノワ中尉らを輩出しました。

　そのソ連軍包囲下、ベルリンのヒトラーのもとに1945年4月26日、シュトルヒで飛んだのがハンナ・ライチェです。ライチェは戦前のドイツ公会堂でのFa61ヘリコプターによる屋内飛行や戦争末期の有人V-1飛行爆弾の開発に携わったドイツの著名な女性飛行士であります。

☆ジャクリーヌ・コクラン
　1906年生まれ。4歳の時に両親と死別し孤児となる。11歳で美容院の手伝いに就く。1932年、小型機の操縦ライセンスを取得。

☆1938年9月、大陸横断スピード・レース、ベンディックス・トロフィー・レースでセバスキーSEV-S2改造機で優勝。SEV-S2はP-35戦闘機の民間型です。

☆ジャクリーヌ・コクラン

☆1940年、リパブリック（旧セバスキー）AP-7（Army Pursuit No.7）、P-35の発達型試作機で、平均速度533.83km/hの国際速度記録を樹立。AP-7はアメリカ陸軍に採用されることなく、その後ドミニカ共和国に売却されました。

☆1941年6月、コクランは女性として初めてカナダからイギリス本土まで爆撃機を空輸して大西洋を横断しました。

☆1942年9月16日、コクランがUSAAFに設けられた婦人飛行練習隊の隊長に任命されています。
　婦人飛行練習隊の隊員

☆ジャクリーヌ・コクランとジャクリーヌ・オリオールの
婦人速度記録更新争い。
　☆1947年12月10日、コクランはP-51Bで
　755.67km/hを記録。

★1951年5月11日。
オリオールがバンパイアで
818.18km/hを記録。1952年12月21日、ミス
トラルで855.92km/hと記
録を更新。

★ジャクリーヌ・オリオール
1947年から操縦訓練を
始め、1960年には空軍の
テストパイロットの資格を得た
というフランス大統領の令
息夫人であります。

★オリオールは1955
年5月31日、ミステールIVの試作夜戦型、ミステ
ールIVNで1157.69km/hを記録。

☆コクランは、F-86で195
3年5月18日に1050.15km/h.
同年6月3日には1086.83km/hと記
録を更新。

★ミステールIVNの
操縦席内のオリオール

☆コクラン、1961年10月6日、
T-38で1262.14km/hを
記録する。
★オリオール、1962年6月22日。
ミラージュIIICで1850.13km/h
を記録。
☆コクラン、1963年4月12日。
2048.42km/hを記録。
コクランは57歳
でした。
乗機はTF-104G。

★オリオール、1963年6月14日、ミラージュIIIRで2038.63km/hを記録

☆コクラン、1964年5月18日、F-104Gで不滅の婦人速度記録、2300.17km/hを樹立。

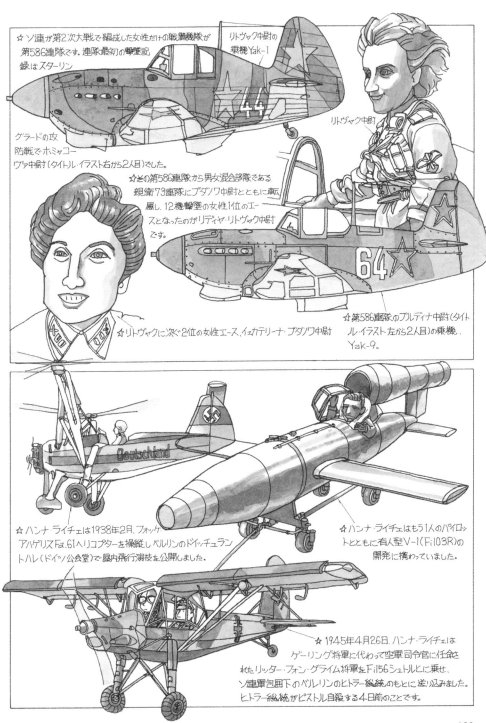

☆ソ連が第2次大戦で編成した女性だけの戦闘機隊が第586連隊です。連隊最初の撃墜記録はスターリン

リトヴァク中尉の乗機Yak-1

リトヴァク中尉

グラードの攻防戦でホミャコーヴァ中尉(タイトル・イラスト右から2人目)でした。

☆その第586連隊から男女混合部隊である親衛73連隊にブダノワ中尉とともに転属し、12機撃墜の女性1位のエースとなったのがリディヤ・リトヴァク中尉です。

☆リトヴァクに次ぐ2位の女性エース、イェカテリーナ・ブダノワ中尉

☆第586連隊のブダノワ中尉(タイトル・イラスト左から2人目)の乗機、Yak-9。

☆ハンナ・ライチェは1938年2月、フォッケアハゲリスFa.61ヘリコプターを操縦しベルリンのドイッチュラントハレ(ドイツ公会堂)で屋内飛行演技を公開しました。

☆ハンナ・ライチェはもう1人のパイロットとともに有人型V-1(Fi103R)の開発に携わっていました。

☆1945年4月26日、ハンナ・ライチェはゲーリング将軍に代わって空軍司令官に任命されたリッター・フォン・グライム将軍をFi156シュトルヒに乗せ、ソ連軍包囲下のベルリンのヒトラー総統のもとに送り込みました。ヒトラー総統がピストル自殺する4日前のことです。

地球探査機UFO、宇宙人がやってきた

1947年6月24日、ボイシ（アイダホ州の州都）のビジネスマンで、パートタイムの航空救難パイロットのK・アーノルドは、自家用機で飛行中、レーニア山（ワシントン州）上空を群れて飛行する巨大なお皿状の物体に遭遇しました。そのお皿はおおよそ時速1,350マイル（2,172km/h）で飛んでいたそうです。

写真が残っています。後に6月24日は、『空飛ぶ円盤』の地球デビュを記念して、『UFOの日』になりました。

K・アーノルド

T・マンテル大尉

トッピング

1948年1月7日午後にケンタッキ～州空軍（ANG）のT・マンテル大尉（25歳）が遭遇したUFOは、涙滴形というよりも、アイスクリームのコーンにより似た巨大な物体でした。大尉はこの巨大コーンの追跡を試み、20,000ftに上昇するとの無線連絡を最後に消息を断ちました。その日の午後3時20分、墜落したF-51ムスタングの機体と無数の銃創のような穴だらけの大尉の遺体が発見されましたが、アメリカ空軍の公式発表は酸素マスク未携帯のため意識喪失による墜落でした。

1952年にG・アダムスキーが公表した母船から放たれた
偵察機と称する、後にアダムスキー型と呼ばれる
『空飛ぶ円盤』の鮮明な写真は
世界に衝撃を与えました。その形状
は、数多くのメール・オーダーの
カタログに載っている、養鶏場
でヒナを育てるために使用する
育雛器に、あまりにもよく似
ているとの世評でありました。

G・アダムスキーと
その円盤——

今年（2009年）はアポロ11号月面着陸成
功40周年の年です。着陸シーンはハリウ
ッド製などと噂のあったアポロ11号で
すが、『月の石』をスーツケースに
入れて地球に持ち帰っています。
そのアポロ11号が撮影した地
球の写真の1枚に写っていたのが、
開いたスーツケースのような物体で
した（イラスト右上）。地球で採集したサンプ
ルの持ち帰り用UFOだったかも知れません。

「日本航空機総集」〔全8巻〕野沢正編著、出版協同社
「写真集・日本の航空史」〔上下〕、朝日新聞社
「世界の軍用名機100」、朝日新聞社
「年表世界航空史」〔全3巻〕横森周信著、エアワールド
「世界のジェット戦闘機」〔アメリカ・日本および諸国編〕、酣燈社
「世界のジェット戦闘機」〔仏・英・独・ソ編〕、酣燈社
「太平洋戦争日本海軍機」、酣燈社
「仏・伊・ソ軍用機の全貌」、酣燈社
「アメリカ空／海軍ジェット戦闘機」、航空ジャーナル社
「日本航空機辞典」、モデルアート社
「アメリカ空軍ジェット爆撃機1945-1984」、文林堂
「大空の冒険者1900-1939」、文林堂
「世界の傑作機」各号、文林堂
月刊「航空ファン」各号、文林堂
月刊「エアワールド」各号、エアワールド

"SOVIET X-PLANES" Yefim Gordon and Bill Gunston, MIDLAND
"CLASSIC AMERICAN AIRLINERS" Bill Yenne, MBI
"The Illustrated History of McDonell Douglas Aircraft" Mike Badrocke & Bill Gunston, OSPREY
"Lockheed Aircraft Cutaways" Mike Badrocke & Bill Gunston, OSPREY
"Soviet Aircraft and Aviation 1917-1941" Lennart Andersson, PUTNAM
"UFOs" David C. Knight, McGraw-Hill Book
"AIR AND SPACE" Andrew Chaikin, BULFINCH PRESS
"LOS ANGELES AERONAUTICS 1920-1929" D. D. Hatfield, NORTHROP INSTITUTE OF TECHNOLOGY
"F-102 DELTA DAGGER" Bert Kinzey, Airlife Publishing
"AMERICAN COMBAT PLANES" Ray Wagner, Doublday

〈初出〉月刊雑誌「丸」2007年1月号〜2009年4月号
〈単行本〉2009年10月刊

下田信夫 しもだのぶお

1949 年、東京生まれ。1970 年代から航空機イラストを雑誌、
図鑑、単行本、新聞紙上で発表、ミュージアムグッズや航空自
衛隊のパッチのデザイン、模型のボックスアートなども手がけた。
著書に『図上の敵機』（ソニー・マガジンズ）、『球形の音速機 下
田信夫作品集』（廣済堂出版）、『Nob さんの航空縮尺イラストグ
ラフィティ』（大日本絵画）、『Nob さんの飛行機グラフィティ（全）』
（潮書房光人新社）ほか。2018 年 5 月、歿。享年 69。

Nobさんの飛行機画帖　イカロス飛行隊　〈新装版〉

2024 年 7 月 23 日　第 1 刷発行

著者　　下田信夫
発行者　赤堀正卓
発行所　株式会社　潮書房光人新社
　　　　〒 100-8077
　　　　東京都千代田区大手町 1-7-2
　　　　電話番号／ 03（6281）9891（代）
　　　　http://www.kojinsha.co.jp
印刷製本　サンケイ総合印刷株式会社